大是文化 数字は人格

主管該有的錢意識

別讓……表騙了你，
……好，我只看現金。
……賞36萬日幣，
一……之神的私房課。

武藏野公司代表董事
小山昇——著
鄭舜瓏——譯

目次

推薦序
手上的「錢」，絕對比營業額做了多少還重要

童顏有機創辦人、執業會計師／潘思璇（CP）

當我看到本書序章時，忍不住在臉書上分享：「每一個老闆、員工都該懂的數字觀念！」我每次出去講財務會計時，總是再三強調，看報表一點都不難，只需要懂加法跟減法，這個你小學就會了。

會計是將企業的營運活動分類、記錄，並編制成報表的學問，但經營者只需要看懂報表的每一個項目代表什麼意思，根本不需要學習怎麼編報表。

一般常見的錯誤認知，就是「營業額等於我賺的錢」。以健身房為例，老闆預收了一年會費很開心，馬上就大手大腳花掉，覺得自己好會賺錢，完全忽略接下來一年還有租金、水電、教練的薪水沒付。

事實上，預收會費等於「負債」，因為健身房還沒有提供服務給會員，也就是說，這筆錢根本不是扎扎實實、心安理得已經賺到的錢。缺乏淨利觀念的企業很容易倒閉，而不懂現金重要性的企業，不管有多賺錢，也同樣面臨高昂的流動性風險——只要一跳票、只要員工的薪水付不出來，即使損益表的淨利為正，公司依然會關門大吉。經營主手上的「錢」——現金存量，絕對比你這一檔促銷營業額做了多少還重要。

雖然我屬於常被眾人恥笑的「會計師創業」，做生意相對保守，但我和廠商往來喜歡用現金結算，而且我選擇在公司現金仍然充裕時，就向銀行貸款，以免萬一突然看到一個機會，或者臨時需要資金周轉，才不會碰到銀行不認識你，或不敢借錢給你的窘境。

良好的數字觀念不是只有經營者需要，而是全體員工都得有這樣的概念。我除了幫同仁們上課，平常公司各種決策大都是計算的結果。

例如紙盒一次要做三千個，還是一萬個划算？假設主管和員工沒有數字觀念，很容易會選擇做一萬個紙盒，因為他認為這麼做能壓低紙盒的單價，成本比較便宜。然而他卻忽略紙盒也需要大量的倉儲空間。倘若公司的銷售速度不夠快，那麼紙盒的倉儲費，很可能會比製作費還貴。

又例如，同仁的績效是以營收計算，而非毛利計算，「金錢會改變人的行為」，很有可能造成業務同事接了大量低毛利的單，卻浪費了企業的關鍵資源。

這本書裡面說了很多觀念，除了需要各位細細體會，也必須落實在企業的大小決策上——少犯一點錯誤，多做一些正確的決定，就能幫助企業活得更長久。

序章

公司獲利絕不借錢？這種企業沒前途

公司中堪稱第二把交椅的業務部長在出差途中病倒，緊急住院。由於病情嚴重，無法在當地治療，而且他身體狀況越來越差，不可能自行搭機返國。

若你的員工陷入這樣的困境，你會怎麼做？

對這個問題果決做出判斷的，是森中公司（位於琦玉縣的一間製造業公司）的社長森雄兒。他們的業務部長在中國大連出差時，突然倒下緊急住院。

「要讓他回日本接受治療，不能讓他死在那裡。」社長立刻決定包機讓他回國。包機的費用是一千兩百萬元（按：以匯率〇．二七計算，約新臺幣三百二十四萬元。本書陳述金額皆為日圓）。住院治療的費用大約三百萬元。總計要支出一千五百萬元。

森中是一間只有二十八名員工的小公司。付了這一千五百萬元，就代表公司這一季的獲利全泡湯了。森社長不但沒有猶豫，還爽快的付了這筆費用，讓業務部長順利回國。

這位業務部長在日本接受先進治療，很快就康復了，並回到自己的工作崗位。

或許有許多人聽到這個故事，腦中會浮現一個感想：「森社長如此重視員工，真是一位人格者（按：即人格高尚的人）！」

的確，森社長是一位人格者。但可別誤會，森社長之所以能這樣拯救員工，並不是靠著他的慈愛之心，而是因為他擁有可以立刻支付高額治療費，以及包下一臺飛機的**「現金」**。

森中公司經常**持有月營業額四到五個月份的現金**，金額大約是兩億五千萬元。雖然其中多數是借款，但也有部分是內部保留，也就是說他手邊隨時擁有實質、非借貸、可立即使用的現金。正因如此，森社長才能果斷的做出這個決定。

森社長的做法雖然在短時間內讓公司的獲利泡湯了，但絕非魯莽之舉。「一千五百萬的支出／二十八名員工」，大約每人分擔近五十四萬元。只要每位員工一年多賺十萬元，持續五年就負擔得起了。

重要的是，經過這次事件，員工們只要想到自己若是有個萬一，公司會挺我們到底，就不禁鬥志高昂，心甘情願為公司拚命。事實上，正因為這件事，森中公司不僅沒有人想要辭職，上從供應商，下至客戶、銀行，都一致給予社長極高的評價：「貴公司的社長真是了不起。」即使當年各中小企業都面臨缺工問題，但像森中公司這樣的零售企業，還是找到了兩名正職員工。因為當學生來這邊實習時，公司員工就對學生們提到這個故事，使他們留下深刻的印象。雖然這是必須擁有足夠的現金才能做出的決斷，但就連社長自身也沒料到，居然可以產生這麼大的經濟效果。

有現金的經營者才是「人格者」

對員工來說，有錢、對數字有概念的經營者才是人格者。不然就算再怎麼重視員工，沒有錢也無法讓員工獲得幸福。如果經營者沒有弄清楚這一點，只會帶給員工以及他們的家庭不幸。

以公司的經營來說，「數字即人格」、「金錢就是愛」。

具體來說，就是經營者要**擁有可以應付緊急狀況的現金，以及理解這些現金數字是從哪裡來的能力**。只要懂得這兩件事，公司就不會倒閉，也能讓員工得到幸福。但很遺憾，在這世上有不少經營者完全不懂財報數字。

我待的武藏野公司以經營樂清公司（Duskin，製作清潔產品、提供清潔服務）的加盟連鎖事業，所累積的 know-how 經驗為基礎，針對中小企業提供顧問諮詢服務。我們服務的對象超過七百間公司。前來拜訪的公司老闆中，有七到八成的人從不看自家公司的財務報表。他們對於公司現在到底有多少現金、還有多少錢可以拿來投資，一點概念也沒有。可以說懂得掌握營業額和利益的老闆，算是很稀少難得了。

下田茜是喜芳園公司的社長，其公司專門提供辦公室租賃觀葉植物服務。她曾問我們：「**毛利是什麼？為什麼利益分那麼多種？**」可想而知，她的公司的財務狀況是虧損。說白一點，她的公司還沒有倒閉，只是運氣好而已。

像這樣的經營者，在中小企業並不少見。連老闆都這樣了，更別提底下的幹部或一般員工，每個人對數字的態度可以說毫不在乎。所以大家才會無視利益、毫不在乎的降價賣掉產品、採取沒有效率的工作方式等。這就是中小企業的實際狀況。

「我原本就對數字很不拿手，現在才開始學這個也來不及吧。」

「我們公司員工的教育程度都不高，教他們看這些數字根本是天方夜譚。」

每次我提到「數字是人格」時，很多老闆或幹部都用上述的推託之詞，舉白旗投降。但了解數字真的很困難嗎？

我想大概是他們以前念書時，為了學會數學而吃了不少苦頭，導致現在一聽到數字就害怕。但經營公司用到的數字，和在學校學習的數學完全不同。在做經營判斷時，不需要困難的計算。**只要會加法和減法就夠用了**。

經營者甚至不必去記一些莫名其妙的財務指標，因為那只是顧問為了讓自己看起來很聰明，所製造出來的數字而已，在實務上一點用處也沒有。至於必看的數字只有兩個，一個是**現金，以及產生這些現金的必要數字，其餘都只是附加的東西**。

只要重複理解這些重點數字，**每個人對數字的掌握能力都會變得更強**。就連一開始很灰心、連毛利都不懂的下田社長，現在看到數字也完全不害怕。

出租觀葉植物這門行業的勝負之處，在於植物的存活持久度。活得越久，就可以減少進貨，也能降低售價，於是毛利便會增加。

下田社長在理解毛利的意義後，設法把植物放在空調不會直接對著吹的場所，成功延長植物的壽命。光是這麼做，下田社長不僅大幅改善公司的毛利，原本赤字的經常利益到了本期（二〇一七年度）轉虧為盈，還多了兩千萬元的盈餘，成功成為了不起的「人格者」。

經營公司？你得懂得借錢

「我學過財務報表，而且我對數字的概念很強，不用擔心。」完全不看數字的經營者很可怕沒錯，但像這種自信滿滿的主管更要多加注意。

由稅理士或會計士（按：日本的稅理士指稅務師；會計士的專業則是審計。而臺灣的會計師須具備這兩項能力）撰寫的財務書籍中常會提到：「自有資本比率高的公司才是好公司。因此，千萬不要借錢。」

所謂的自有資本比率，是指包括借貸金額在內的所有資本中，不用還款的自有資本所占的比例。假如是零借貸，就表示自有資本比率為百分之百，他們認為這樣的公司才健全。

偏偏有一些經營者堅信這種似是而非的數字觀念，不加思索的全盤接受這個主張，即使現實上公司需要錢，他們仍以為減少借貸金額才是正確的做法。

但這種想法對公司經營來說是致命的。

堅持零借貸，就無法按照經營者想法增加能自由運用的現金量。以開頭提到的森中公司為例，若現金太少，**萬一遇到緊急狀況，就沒有多餘的錢來拯救員工的性命，或是投資設備、併購等**。

也許有人認為，假如遇到非花錢不可的狀況，到時候再向銀行融資就好了。說實在，這個想法太天真了。「我有員工在國外病倒了，想要包機去救他，請借我錢。」我敢肯定的告訴你，沒有一間銀行會因為這個理由，答應借錢給你們公司。

一旦現金不足，不只無法應付個別狀況，還會增加因為籌措資金困難而倒閉的風險。明明有賺錢，卻因為缺少現金而倒閉的公司比比皆是。公司倒閉的話，員工和他的家人都得喝西北風了。

零借貸是經營者的「黑心」行為

就長期觀點來看，零借貸是錯誤的，因為現金如果不夠寬裕，很難積極的擴張，這麼一來，就無法創造未來的生計來源。**零借貸非但不是理想，反而是罪惡，是經營者的「罪行」**（不投資未來，獲利只放進口袋）。借錢才是正確的選擇。

既然如此，為什麼身為數字專家的稅理士與會計士會做出「不要借錢」的建議？因為大多數的稅理士事務所，都是員工數不超過十人的小型事務所。十人以下運作的事業，基本上和一人公司差不多，在這樣的規模之下，確實不用借錢就能應付各種狀況。由於他們把這種感覺直接帶入中小企業的經營，才會造成誤解。

率領 Landmark 稅理士法人（日本稅理士事務所）的清田幸弘代表也曾有同樣的思維。該法人開業十六年，營業額年年上升，現在已經是年營業額九億元、擁有九十名員工的大型事務所。但即使是擁有大規模公司的經營者，也難跳脫這樣的想法。

雖然清田代表以自己貫徹會計界特有的零借貸經營理念而感到自豪，並堅持穩健經營。但是在那段時間，他苦於籌措資金，每天都在擔心公司的餘額夠不夠用。負責會計的員工每天費盡千辛萬苦調度現金。但即使如此，他們還是完全不考慮向銀行借錢，以為每天為錢煩惱就是在經營公司。

二〇一五年春天，清田代表因公司越來越多人離職而煩惱不已，於是他參加武藏野舉辦的「實踐經營塾」，並成為會員。聽我解釋完零借貸經營的缺點後，他開始在公司根本沒有急需的狀況下，分別向四家銀行與信用金庫借入兩億元。

卸下零借貸經營的招牌、有了能活用的充沛資金，他們的公司連續三年與上一年相比，成長了一五％、員工增加到一百五十名、營業額達到十八億元、三年成長兩倍。現在，他們公司已成為神奈川縣第一大稅理士法人。

稅理士或會計士都是數字專家，但不見得懂經營。即使如此，還是有許多老闆，不明就裡的閱讀這些專家所寫的，教人讀財務報表和怎麼看數字的書。事實上，經營者只要知道**對實務上有幫助的數字**即可。

經營不是看「率」，要看「額」

再舉一個經營者對數字囫圇吞棗的常見錯誤：不看「額」，只看「率」。

假設有兩個事業部，一個是毛利率二〇％、營業額一億元的A事業，一個是毛利率五％、營業額十億元的B事業。各位覺得對公司來說，哪一個事業部比較重要？

用「率」來思考數字的經營者會認為A事業是優良事業。因為，A事業的成本為八千萬元，B事業的成本為九億五千萬元，投資B事業要花比較多錢，而且毛利率低，資金效率低，所以當然A事業比B事業還要優秀。

但是大家只要計算利益額，就知道這個看法是錯誤的。A事業所產生的利益是兩千萬元。相較之下，B事業的利益是五千萬元。以金額來看，B事業帶給公司的貢獻遠高於A事業。

不理解這件事的經營者，就會把精英員工集中在A事業，使B事業變得搖搖欲墜。當重要的支柱產生動搖後，公司也會跟著步入衰退。

額（量）比率更重要的道理，不只適用於金錢。

以日本拉麵店的座位安排為例，因為拉麵店最主要的顧客是單獨用餐的客人，多數的店家都是以吧檯座位為主。設置兩人桌、四人桌只會浪費空間，所以設置吧檯座位最能提高效率。

但是，位在拉麵激戰區東京五反田的人氣店「拉麵 Nagi」五反田西口分店，卻刻意把所有座位改裝成效率較差的桌型座位，結果大獲成功，為什麼會這樣？

因為在其他拉麵店內無法好好放鬆的情侶與家庭客層，一口氣大量增加。當然，來店的客人不可能剛好把所有桌子的座位數塞滿，一定會出現一些未被有效利用的座位。但空間效率不高沒關係，只要整體來客數增加即可。這就是因為不在意「率」只在意「量（客數）」而贏得勝利的例子。

支撐經營最大的力量不是「率」而是「額」。附帶一提，許多稅理士和會計士都喜歡強調「率」。他們最常用來評價企業的指標，如資產報酬率（ROA）、自有資本比率、總營收營業利益率、總資產周轉率，每一個都是率。

說穿了，理解這些指標一點意義也沒有。

比方說，所有業別的資產報酬率（ROA，淨利／資產）平均為三％（製造業為四％、非製造業為二．六％左右），超過這個數字的就是優良企業，但這只適用於擁有龐大固定資產的大公司。靈活的中小企業如果只有二％到三％的程度，絕對在一般水準以下。

大家注意到了嗎？這些指標會因為企業規模的不同，而產生不同的意義。對經營者來說，若把這些指標當成標準，很難當作經營的工具使用。

前面提到，經營者看數字只要懂加法和減法就很夠用了。**率是除法，不懂沒關係**。會怕數字的人可以不用看率，相反的，對於已經習慣看率的人來說，**應立刻回歸到基本的「＋」和「－」**。

看數字的目的是為了績效行動

關於判讀數字方法，我還有一件重要的事情要告訴各位。那就是**看數字的目的是為了採取行動**。

本書並非詳細教大家如何判讀財報的書籍。財報上面的數字是用來顯示過去的時機以及現在的狀態，雖然分析過去、掌握現狀很重要，但再怎麼目不轉睛的盯著這些數字看，公司也不會進步，只是浪費時間而已。要改變公司，就要靠經營者做出決策以及決策之後的行動。

數字最多只是用來促使行動的契機而已。數字是工具，只要堪用、概略了解即可，若太執著於工具本身，就會延遲決策與行動。

現在擁有多種事業的近森產業公司社長白木久彌子，曾是在東京十分活躍的會計士。她為了繼承家業，而回到高知縣，並努力經營公司，設法解決其虧本事業。她不愧是會計方面的專家，才一年就把所有虧損消除了。

但是後面問題接踵而來。她是會計專家，卻不是經營專家。會計專家可以把負的變成零，卻沒辦法把零變成一，因為後者需要懂得經營。會計專家還有一項弱點，那就是對數字太過嚴謹，以至於限制了決斷與行動的能力。

我在武藏野開設的實踐經營塾課程中，會請參加集訓的經營者，訂立五年讓營業額成長兩倍的經營計畫。五年要成長兩倍的話，就表示**每一年要比前一年成長一五%**。對於剛開業的公司來說這不困難，但對於成熟產業、又是做了好多年的中小企業來說，這是相當高的門檻。

對於比別人更懂會計的白木社長來說，「怎麼計算都不可能達成」、「這太不符合常識了」等想法比他人更加強烈。

但是我們要求參加集訓的社長們，如果沒有制定五年內營業額成長兩倍的計畫，就不算合格。

結果，發生什麼事？

一個人一旦下定決心，要讓公司的營業額比上一年成長一五%，所有的想法和行動都會往那個目標靠攏。因為意識到這個目標，所以白木社長每天的所有決策、行動都會產生變化。

實際上確實產生成果了。近森產業底下的食品事業與學校制服販賣事業成長了，總營業額從五億四千萬元（二〇一六年三月期）、經常利益一千七百萬元，成長為營業額五億五千七百萬元（二〇一七年三月期）、經常利益兩千三百萬元。營業額雖然只成長三%，但經營利益卻成長了三五．五%。原本看似不可能的目標，輕輕鬆鬆就達成了。

假如白木社長仍秉持之前做公認會計士的習慣，執著於嚴謹的數字的話，大概只能訂立出保守、低難度的計畫，沒辦法達到這麼大幅度的成長。

本書並非介紹會計或財務的專業知識書籍，而是教導經營者或幹部如何透過數字改變自己以及員工，進而改善公司體質，讓公司不用自己出錢就可以賺錢。要讓公司成長，你不需要懂得那些與數字相關的高度專業知識。只要盡可能的理解最少的數字並付諸行動，**每個人都可以讓公司更加壯大**。

最後，我要由衷感謝協助我執筆的村上敬先生，以及讓我有執筆機會的鑽石社的寺田庸二先生。

第1章

借錢也得維持三個月營業額現金。為什麼？

很多老闆看到會計資料上密密麻麻的數字，就覺得頭疼。如果你也對數字過敏，那就**只要看一個數字**就好——**現金流量**。只要掌握這一點，剩下的總會有辦法處理。

只要有現金，公司就不會倒閉

所謂的現金，指的是**現金加上可以隨時兌換成現金的活期存款**（正式名稱為「流動資產」）。要注意的是，定期存款和有價證券不能視為現金，定期存款有時會被用來當貸款的擔保，大多數都無法自由解約。

經營者要優先看這個數字，是因為**現金是公司的命脈**。有很多人以為一間公司會倒閉是因為虧損，這是錯誤的觀念。

公司會倒閉是因沒有錢付貨款給廠商或沒錢還給銀行，即使變賣資產，手上的錢依然不夠付款。若有辦法付款與還款，即使事業的虧損再怎麼嚴重，公司還是能存續。事實上，剛創業的新創公司通常都是處於虧損狀態，但是我們不會說它處於「倒閉」狀態。只有當周轉資金耗盡以至於無法付款，公司才會倒閉。

此外，還有一個觀念也是錯誤的，那就是公司有盈餘，所以不會倒閉。

以二〇〇八年發生的雷曼兄弟事件為例，當年度有許多上市櫃公司被迫倒閉，其中有**二分之一是屬於「盈餘倒閉」**。探其原因，可能是因為採購的費用付不出來、貨款還要很久才能收到，要不就是應付票據軋不過來等。

舉例來說，用一百萬元賣出八十萬元進貨的商品，就能得到二十萬元的盈餘，但許多商品在從顧客那邊拿到一百萬元之前，必須先付給廠商八十萬元的貨款。這時候，假如現金不夠，就無法支付這筆錢。如果不懂得這個機制，就算事業快速成長，也容易因為現金周轉不靈而倒閉。

具體來計算的話，銀行分級（按：以一到十來說，最優良是等級一，請參照第五十二、五十三頁）為「七」的公司來說，如果沒有擬定對策，只要連續三年增收增益（按：增收是指本期銷貨淨額比前期高；若比前期低，則為減收。而增益是指本期的經常利益比前期增加；若比前期少，則為減益）比上一年成長二五%的話，就會因為資金短缺而倒閉。所以，有**盈餘絕非意味著安全**。

即使虧損，只要有現金就能存活下去；即使有盈餘，要是現金見底也會倒閉。公司的生死完全仰賴現金。**經營從現金開始，從現金結束。所以經營者最優先要做的事情，就是掌握自家公司的現金。**

猶豫要賠或賺時，就選擇賠

現金的作用不只可以防止公司倒閉。經營公司有時候會遇到必須刻意選擇賠錢。這時候現金也可以派上用場。樂清的經營理念中，有一個原則就是，「猶豫要賠錢或賺錢的時候，就選擇賠錢」。當初，我認為公司存在的目的就是要賺錢，所以我對已故創業人鈴木清一社長提出這個疑問：「公司存在的目的應該是賺錢，不是嗎？」

結果鈴木社長回答：「小山先生說的沒錯。」所以說，到底是要賺錢還是賠錢？我都被搞混了。

某一年，我們的經營支援事業主動勸退三家客戶的報名，把之前收到的費用全額退還給他們。我們認為，經營支援事業的目的，是讓經營者與幹部一同學習，怎麼做才能讓公司變得更好。如果經營者參與的理由只是喜歡開研習會，滿足自己的學習欲，表示他的想法與我們公司的方針並不相符。為了避免造成雙方不愉快，我們仔細向對方說明之後，成功勸退他們。

退還給三家客戶的金額，總計為兩千一百萬元。老實說，失去這麼大筆的金錢（利益）確實讓人很痛心。但是，**若為了眼前的利益而改變方針的話，必定會撼動這個事業**

的根基。因此，就算賠錢，我也要貫徹理念到底。

我能夠毫不猶豫的選擇「賠錢」，也是因為我擁有豐沛的現金才有辦法做到。假如我的現金短缺，就不敢做如此重要的決定。

本書開頭介紹的森社長，也是因為擁有足夠的現金，才能夠包機拯救生病的業務部長。現金不只可以保護公司，也保護了裝在裡面的理念、夢想，以及員工的性命與生活。

一家公司手上至少要有三個月營業額的現金

現金掌握公司的命運。但我們要如何判斷手中的錢夠不夠呢？

現金餘額被記在財務報表之一的「資產負債表」（B／S）中。會計科目的**「現金」**、**「活期存款」**、**「支票存款」三者加起來就是現金**。大部分中小企業一年才做一次資產負債表，但我建議為了正確掌握公司的現狀，應該改成**「每個月做一次」**。

我每天都會從會計人員寄發的電子郵件，掌握公司當天的現金數目。我也會定期在會議上檢視其他的數字，但只有現金這個項目，不管是出差在外，或是人在國外，我必定**每日確認**（見圖表1）。這個數字對我來說就是這麼重要。只要客製會計軟體，就可以簡單計算出每天公司擁有的現金。

那麼，應該要保有多少現金才足夠呢？

最簡單的測量基準就是「月營業額」。現金的金額代表「緊急支付能力」，最低限度至少要保有月營業額以上的現金，最理想是維持**月營業額三個月的現金**。

只要擁有這些錢，即使顧客公司發生倒閉等意料之外的突發狀況，還是有辦法暫時撐過去，為下一步做出打算。

圖表1　武藏野的營業額與現金存款餘額的變化（2007年～2017年）

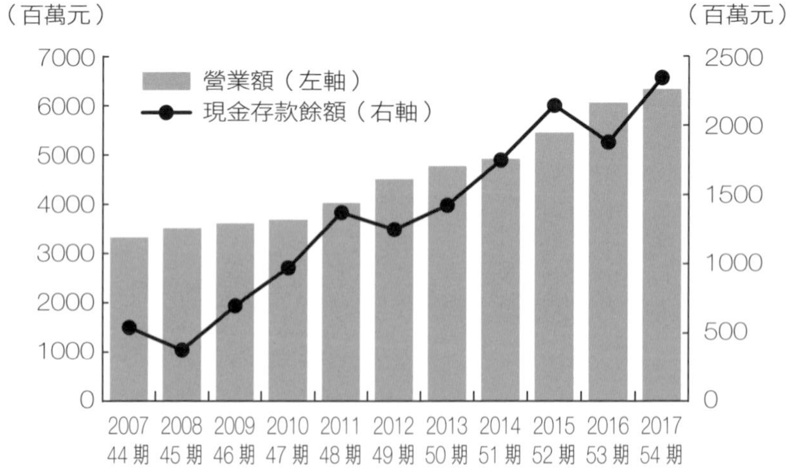

（2017年9月底）

有現金才能投資未來

現金是守護公司最後的堡壘。但是，防守不過是現金的其中一項功用，連進攻也會用到現金。我最重視現金的理由之一，是它能作為**投資未來的基金**。

不管利益再怎麼攀升，沒有投資未來的公司，很可能在短時間內就陷入困境。

大家只要想像一下設備產業就知道。位於日本長崎的豪斯登堡剛開幕時，遊客大排長龍，但之後因為遊樂設施老舊，入場人數快速減少，到了二〇〇三年，甚至要申請破產保護。這就是坐等客人上門，節省投資更新遊樂設施的下場。

中小企業也一樣。

高晶（按：音同姿）章弘是經營「Media Cafe POPEYE」漫畫網路咖啡連鎖店的 Times 公司社長，他選擇積極投資設備，店內擺放的都是最新型的電腦機種。一般網路咖啡店的電腦大都使用七、八年後才更換，但 Times 的電腦一律每五年更換一次。該公司一共有兩千五百臺電腦，以每年汰換五百臺的速度，一步步把店裡的電腦換上最新型的機種。

有人會問，電腦明明還可以用，這樣不會太浪費了嗎？

會這麼說的人，就代表他不了解顧客的心理。高畠社長說：「我的客人大都是回頭客，他們每次來店裡光顧時，若店內的電腦規格落差很大，他們便會敗興而歸。畢竟等七到八年才換電腦，店內最舊的機種與最新的機種規格差距過大。如果規格差距在五年內，大家就比較可以接受。」

其實，Media Cafe POPEYE 的收費與周邊的網咖相比，貴上一五％到二〇％，即使如此，客人仍絡繹不絕。其理由，無非就是這間公司為了提高顧客的滿意度，從不吝惜投資新的設備。

再加上，他們會把這些只用了五年的電腦，以非常便宜的價格賣給顧客。這些收入又能拿來填補投資。不僅店內設備能更新，客人也能用兩萬元左右的價格，便宜買到高規格的電腦，真是高招。

投資的對象不限於物品。未來公司利用通訊交易（按：指企業以廣播、電視、電話、雜誌、網路等方式，消費者在未能檢視產品的情況下，與之訂立契約）來販售皮膚護理產品，其社長山口俊晴告訴我，他們最大的支出是用在宣傳廣告費。

或許有人認為，通訊交易事業沒有持有店面，所以為了獲得新顧客，花大筆錢做廣告宣傳也是理所當然之事。但是一直花錢做廣告就能得到新客戶嗎？好像也不一定。

當商品的知名度很低時，花錢做廣告，確實可以提升知名度、增加新顧客。但一旦商品在市場上出名，宣傳效果就會降低，這時即使花再多錢做廣告，都無法獲得新顧客。於是，大多數的經營者會想辦法強化與既有顧客的聯繫。

山口社長也把錢花在既有顧客上。但他沒有因此減少廣告宣傳經費，反而增加費用以開發新顧客。由於性價比下降，獲得新顧客的成本，從每人六千元上升到七千元。但相對的，公司的**營業額卻比前一年成長五〇%**。只要不吝惜投資，就可以獲得更高的回報。

想要投資未來，必須有現金作為基金。現金既是守護公司的盾牌，也是**促進公司成長的武器**。

投資標的只有三種：增加顧客、員工教育、硬體整備

想要讓公司持續成長，你必須投資。雖說如此，我不是叫你做財務投資。有些經營者一賺到錢就拿去買股票，妄想一步登天賺大錢，但他們連自己的公司都不甚了解，當然不可能理解其他公司。

投資非都市圈不動產為主的 Gold Swan Group 公司，其社長伊藤邦生——過去曾在大型證券公司擔任債券、匯兌、金融衍生性商品的交易員。

當時，他每天經手的交易超過數百億元，有時甚至高達數千億元，但他現在很肯定的說：「我一塊錢也不要花在證券投資上。」想在投資世界中賺到錢，並不是那麼簡單。他想，既然如此，就把公司賺到的錢投資在自己公司就好了。

買其他公司的股票只會得到慘痛的教訓（賠錢），應該立刻賣掉。投資的對象應該只有一個，就是自家公司。

具體來說，投資的錢要花在三個地方：

- **增加來客數**。
- **員工教育**。
- **硬體整備**。

以前文介紹的 Times 公司及未來公司為例，他們就是把錢花在「增加來客數」上。

第二點「員工教育」也很重要，以武藏野來說，二〇一七年度在教育員工這個項目花了一億元。以營業額六十三億的公司規模來說，大概很少有公司願意花這麼多費用教育員工。雖然是身為社長的我決定公司方針，但能夠實踐這個方針的，是管理職以及在第一線工作的員工。公司能夠持續增收，都是因為我們把錢大量投資在員工教育上，使員工不斷成長。

最後的「硬體設備」主要是投資在使業務更有效率，情報能夠共享的ＩＴ（按：information technology，資訊科技）上面。

有一次，我前去廣島縣拜訪專門處理環境測量、分析的三井開發總公司。一進到他們的辦公室，看到每個員工的桌面都被大量的紙張埋沒。很明顯是作業效率惡化的現象，我忍不住對三井隆司社長說：「這間公司是在養山羊嗎？」

大概是我的刺激起了作用，三井社長砸下一億元打造新的系統，實現無紙化營運。提高效率後，減少的人事費用還可以轉投資。再加上三井開發提出的其他措施發揮了效果，二〇一七年度他們公司的營業額創下歷史新高。

在日本的四國、九州、中國地方經營商務旅館的川六公司，也是投資硬體設備，使得公司獲得飛躍性成長的例子之一。以前，他們會在顧客退房後，透過內線電話聯絡房務人員打掃房間。但他們總店將近有三百間房間，而顧客退房大都集中在早上十點多，所以內線電話總在這時響個不停。不只櫃檯業務進行得不順利，也缺乏效率。

寶田圭一社長為了改善這個狀況，讓所有員工都擁有一臺 iPad，讓房務人員一打掃完房間，就可以當場更改房間狀態。結果，關於打掃的內線電話降至零通，而櫃檯、客房的業務也變得更有效率。導入新系統後，公司的生產力提高了五倍。

增加顧客人數、員工教育、硬體整備——持續且適切的投資這三項，公司就會持續成長，你的公司正在做嗎？

投資目標是「賺多少金額」，絕非報酬率

我們帶員工去拉斯維加斯旅遊時，有一名吝嗇的員工帶了十萬元去賭場，用豪賭的方式玩，希望這筆錢能翻倍變成二十萬元（報酬率一〇〇％）。而我帶了一百萬元去，以希望把它變成一百一十萬元（報酬率一〇％）的戰略去賭。我們兩個的目標利益都是十萬元。但這名員工只能選擇賠率較高的輪盤，想當然耳全輸光了。

我則是玩二十一點，觀察後鎖定較弱的莊家下注，打安全牌，最後輕輕鬆鬆達成目標。所以重點不是在「率」，而是在「額」。本錢夠大的話，不用豪賭也可以確實獲得

報酬。

用在經營上的投資也是一樣。如果擁有很多的錢，就不用斤斤計較。對未來的投資，金額越大越好。有人會擔心：「我也想投資，但投資之後，最重要的現金不就會減少了嗎？」能注意到這一點的經營者，表示他的敏銳度很高。如果擴張的金額太大，使得現金存量減少，意味著公司倒閉的風險也跟著升高。

具體來說，如果擴張金額侵蝕到緊急支付能力，也就是一到三個月月營業額的話，那就危險了。

投資金額當然越大越好，但也要預留一筆現金能夠撐過突發狀況。如果為了投資而降低應有的現金存量，這樣的投資太過自大。

理想來說，想要擴張又不想減少現金存量，**向銀行借錢才是正確的做法**（銀行絕對不會在你緊急時借錢給你，所以現金存量務必維持相當三個月以上營業額）。經營者的頭腦就是要用在這裡。

借貸不是付利息，而是「買時間」

創造現金的方法有三種，**靠事業獲取利益、折舊、向銀行借款**。

第一種方法「靠事業獲取利益」，每個經營者都喜歡。然而，對會計稍有涉獵的經營者，也會積極的做第二種「折舊」。Karumo 鑄工公司的高橋直哉社長就積極的投資生產設備，做特別償還。越早償還，就可以把之後的利益往前挪，少繳一點稅，手上的現金就變多了。

但是，大部分的社長都不想「向銀行借款」。他們認為零借貸經營才是對的，明明不缺錢還去銀行借錢繳利息，就像笨蛋一樣。

但這個想法大錯特錯。討厭借錢的經營者，以為借錢就是付利息借現金，但事實並非如此。借錢是**付利息買「時間」**。

製造、販售廁紙的鶴見公司曾經借款超過四十億元。光是支付利息一年就將近一億元。因此，鶴見公司社長里和永一不想付利息，想開始還款。我馬上跟他說「絕對不行」，硬逼他維持借款。

之後沒多久，二〇一一年三月發生了東日本大地震。地震後的電力、瓦斯費都漲價了，原本利益率就很低的廁紙做越多、賠越多。雖然出貨量提高了兩位數，但虧損也提高了兩位數。即便如此，鶴見製紙並沒有倒閉。因為即使虧損，他們還是有現金可以撐過去。

但如果長期虧損，總有一天會把現金用光，這麼一來公司就會倒閉。

到了二〇一四年，消費稅率調漲後，他們的公司就開始好轉了。里和社長趁著稅率改變，把廁紙的售價調漲一元。他們一年約製造五億卷廁紙，概略計算，調漲一元，就等於**經常利益增加五億元**，他們突然轉虧為盈了。

從東日本大地震到消費稅調漲，中間有三年的時間，里和社長每年都持續付一億元利息。這樣的利息負擔絕對不算輕，但要是他捨不得付這筆利息，把長期借款的錢全額還清的話，公司鐵定在這三年內倒閉。

里和社長**總共支付銀行三億元，這是為了重振經營，向銀行買來三年的時間費用**。這就是借款的本質。

之後，里和社長又借了更多錢。現在他的長期借款有八十四億元，其中的四十七億元做為現金保留，完全不使用。他有四十七億元隨時都可以還款，但他刻意選擇繳利息，就為了持有這筆現金。因為他親身體會到，借錢就是用利息買時間。

請大家思考一下。即使公司賺錢，一半還是要繳稅給政府（按：臺灣不到一半，是一七％），既然如此，不如去借款把稅金當作繳利息的基金，增加自己現金存量，這麼做反而比較有利。

繳稅給國家是很了不起的事情。但是公司遇到危機時，國稅局不會來幫助你。**遇到突發狀況，我們可以仰賴的不是國家，而是「現金」**。既然同樣要付錢，不如付利息借款，對公司幫助較大。

「還能用」的設備，為什麼非得淘汰？

借錢的目的是花利息錢買時間，這是為了防守而借錢。另一方面，**現金也有攻擊的作用——投資**。付利息借錢並拿來投資的做法是正確的嗎？

答案是肯定的。

許多經營者都認為不能借錢，認為物品用得越久越好。沒錯，就個人而言，盡量不要借錢比較安全，而且愛惜物品是很好的美德。

但是，經營公司則完全相反。**物品能丟的要盡快丟，為了買新機器去借錢，這才是**

正確。

假設某間公司有一臺三千萬元的機器，一個小時能生產一萬元產品，可以使用五年。但引進機器後第三年，市面上就出現另一臺五千萬元的新機器，一小時可以生產一萬五千元的產品。這時候如果經營者心想「舊機器還能用，丟掉太可惜了」，決定不更換新機，就表示他不懂數字。

這間公司一年的固定支出會增加四百萬元，但因為更換新機器後，每一小時可以多產生五千元的毛利（新機器一小時生產一萬五千元，減掉舊機器一小時生產一萬元，等於五千元），利大於弊。以一天八個小時、一年兩百天運作來算，可以增加八百萬元的毛利。

舊機器在會計上可以透過**「處分資產損失」**此會計科目，降低經費。假設三千萬元的機械折舊提列了一千八百萬元，剩下一千兩百萬元就是「處分資產損失」。

以經常利益三千萬元的公司來看，列入處分資產損失後，稅後利益為一千八百萬元。假如經常利益維持三千萬元，概略來說，稅金要繳一千五百萬元（以臺灣來說，要繳的稅金金額是三千萬元×一七％，即五百一十萬元），但若列入處分資產損失，稅金就只要經常利益一千八百萬元的一半九百萬元，換句話說，可以產生六百萬元的**節稅效**

果（以臺灣來說，一千八百萬元×一七％＝三百零六萬元，稅金五百一十萬元－三百零六萬元＝兩百零四萬元，即達到約兩百萬元的節稅效果）。

假設為了購入新型機器，以利率一％的利息借款五千萬元，利息是五十萬元。五十萬元和節稅效果六百萬元（臺灣則為兩百萬元）相比根本微不足道，現在大家知道「繳利息太浪費了」的想法有多麼愚蠢了吧。

而且，新機器的購置費用很快就可以回收，因為從五千萬元扣掉節稅效果剩餘的五百五十萬元（六百萬元－五十萬元），還剩四千四百五十萬元。而新的機器一年可以增加八百萬元的毛利。

如果你不擅長做這麼精明的計算也沒關係。身為社長，只要知道**「機器盡量更換成最新的機種」**即可。再來就是坐等好結果出現。

實際上，鶴見製紙的里和社長就是如此。過去，鶴見製紙是用紙箱裝廁紙，再送去客戶那邊。由於每個紙箱上都要印上不同客戶的商品名稱，不管是將印刷作業外包或是庫存管理，**每年都要耗費許多成本**。後來，里和社長改用成本較便宜的牛皮紙捆包廁紙，商品名稱則用噴墨的方式印上。

新的機器一臺約四千萬元，他引進六臺，總共花了兩億四千萬元。投資這些設備能

大量降低成本，包括利息在內，三年就可以回收。現在這每一臺機器在運轉的時候，都在幫他賺錢。

其實，里和社長並非理解這些數字之後，才做出引進新機器的決定。因為社長是個好人，被大善公司（靜岡縣，從事製紙機械、資源再生工廠）的井出丈史社長強迫推銷了其他的機器。

不過他了解機器越新越好，所以很積極的借款，才有現金買最新的設備。追根究柢，產生好結果源自於他正確的決策。

兩年內，營業額從零到兩億元

和我一起吃飯喝酒的老闆們（參加了「一天學費三十六萬元的跟班」課程的經營者），身上總是帶著塞得厚厚的錢包。因為我們的規定是猜拳輸的人要請全部的人吃飯。視人數和場所而定，有時候一天就要付超過十萬元。

一般來說，老闆口袋裡總是帶著足夠付自己餐費的錢。

明明只要各付各的就好，為什麼要特地猜拳，讓其中一人付這麼一大筆錢？

這是為了破壞那些遇到投資老是卻步的經營者的金錢觀。

公司使用的錢和個人使用的錢，兩者的規模不可相提並論。如果用個人的金錢觀做事業投資，人們很容易卻步。所以，經營者若想做正確的投資，必須從個人觀念，設定成站在公司的角度思考如何使用金錢。

在鄉下的小酒館喝酒，一個人的花費頂多三千到五千元。但是如果在歌舞伎町（按：日本東京都新宿區的町名，餐飲店、娛樂場所、電影院等集中地）聚餐，猜拳猜輸者所付的餐費最少要三萬元。

累積幾次這種相差十倍的不合理經驗後，個人的金錢觀就會變得比較大膽，「兩千萬的投資？好，沒問題」，然後輕輕鬆鬆的蓋下印章。猜拳猜輸的訓練，就是為了幫助大家做到這一步。

生產毛巾、同時經營愛媛綜合活動中心的丹後公司，其社長丹後博文原本從事保險販售業，偶然被經營毛巾工廠的朋友拜託，頂下快倒閉的工廠。雖然一開始沒有客戶、營業額是零，但他仍每個月給員工薪水，可以說不是從零開始，而是從負開始。丹後是製造業的大外行，不過他拚命的請教幾位經營前輩、社長們，一邊摸索、一邊拯救這間公司。

大概是前輩們的建議奏效，毛巾工廠的生意逐漸上了軌道。丹後社長在一次要付十五人份、總計十五萬元餐費的猜拳中，宣稱「我要出感謝的石頭」，故意輸給大家，向大家表達感謝的心情。

這確實很像愛喝酒的丹後社長會做的事。我想強調的不是他的人格，而是丹後社長**毫不猶豫的付了十五萬這筆他沒有義務要付的錢**。有這種豁出去的心態，面臨投資的時候就不會卻步。毛巾工廠的營業額**在兩年內從零變成兩億元**。照這個狀況，他只要繼續投資下去，就能期待更進一步的成長。

用「持家」眼光經營，公司會越做越小而掛掉

個人的金錢觀會成為投資的障礙。從這個觀點來看，我們千萬不可以讓太太當公司的會計。

有不少公司在草創初期，因為人手不夠、資金不足，通常會讓妻子幫忙做會計，最後妻子也順理成章的成為公司的會計主管。如果太太處理公司事情，通常會用家庭主婦的眼光、以一元為單位來減少成本，遇到以百萬元、千萬元為單位的投資時，便自然想

踩煞車。

在我們的經營支援會員之中，有幾位社長就是讓自己的太太擔任會計。我通常會建議對方：「讓妻子專心當家庭主婦，或找別的工作讓她做。」結果對方卻回答：「這種事我說不出口。」我可以了解他的心情，所以請他帶太太來參加公司的見習會或「幹部塾」（按：作者認為改變幹部，就能改變公司，因此開設課程，以培養幹部的實踐力跟意識），由我來告訴她。在埼玉縣經營廢棄物處理業的小林茂商店，其社長小林弘之就是其中一人。

「小林先生，讓我來跟您太太說好嗎？」我邀請小林先生的妻子參加幹部塾並一起吃飯。運氣不錯的是，小林太太先主動問我：「怎麼樣才能讓公司的規模變大？」我毫不猶豫的回答：「如果您繼續當會計的話，就沒辦法做到。」

絕對不可以讓太太當會計。因為個人感覺與經營者的方針時常背道而馳。所以會計讓別人做，太太改做總務。以小林茂商店來說，**太太被調去當總務三年後，公司不但營業額倍增，還成立新的工廠**。

由先生來說這些話很容易起口角，但透過第三者的我來說，對方就比較容易接受。很多公司在太太退出公司後，投資額增加，持續成長。

最後，我想向「害怕借錢投資」的社長介紹一個小故事：

在九州經營拉麵店、義大利餐廳、土雞專賣店等二十多家店鋪的 Gold-Planning 公司，其社長吉岩拓彌曾在內心暗自發誓：「絕對不要借錢。」在他二十五歲時，父親因為事業失敗，資金周轉不過來而自殺。有了這個強烈的體驗，吉岩社長腦中深深烙印了一個印象——借錢等於做惡。

「剛繼承公司的頭幾年，我每天滿腦子想的都是怎麼還錢。即使小山社長建議我借錢，我在情感上還是無法接受……。」吉岩社長這麼說道。

但想要做出展店攻勢，不可能不透過借貸。一開始他從一間銀行開始小心翼翼的借款，隨著店鋪數擴大，他現在已向七間銀行借錢。借錢後第一個發揮的功效是在拓展新開發事業的時候。

「以前我都是透過中央廚房製作自家店鋪要用的麵。但小山社長建議我：『你的麵品質那麼好，不如直接賣給周遭的競爭對手。』於是我決定跨足製麵事業。最新的製麵機一臺要價**五千萬元**，幸好我手邊有借來的現金，才能毫不猶豫的砸錢投資設備。結果，我的製麵事業**每年比前一年成長一倍**。」

從個人的角度來說，很多人為了借貸所苦。所以對個人來說，保有「借錢很恐怖」、「要借錢才能買的東西寧願不要買」這樣的想法是正確的。

但公司就不一樣了。若用個人的感覺來思考投資，公司就會停止成長。經營公司的正確做法應該是**借錢持有現金，然後投資在未來**。

第2章

向銀行借錢的無擔保竅門

既然銀行貸款是強而有力的創造現金手段之一，那麼該怎麼做，銀行才會借錢給中小企業？

稅理士和顧問會說：「平時自有資本比率高、經營健全的公司，若遇到突發狀況想要借錢，銀行就會借錢給你。」因為他們認為公司的自有資本高，即使遇到突發狀況，銀行比較不怕無法回收借款，所以會很樂意借出。

但這是**謊言**。

堪稱情人節巧克力始祖的老店瑪琍巧克力（Mary Chocolate）公司，曾是營業利益率達一〇%的超優良企業。他們是家族式經營，許多中小企業的社長都想向他們請益。

二〇〇八年該公司的業績表現良好，連續九期增收增益，但在同一年卻因外匯衍生性工具（按：指其價值由利率、匯率、股價、指數、商品或其他利益及其組合等所衍生之交易契約。具有高槓桿及高風險之特性，稍一操作不當即可能產生巨額損失）的資產運用失利，突然產生十幾億元規模的損失。雖說如此，他們的本業依舊經營良好，自有資本比率非常高，還得到會計士的保證。經營團隊以為只要向銀行融資，理所當然可以貸到錢。

但現實沒有這麼容易，因為他們**沒有借貸紀錄**，**銀行拒絕融資**，最後逼得他們不得不把公司賣給樂天。雖然消費者現在仍吃得到瑪琍巧克力，但公司卻成為樂天的子公司。**零票據是正確的**（詳見第三章），**但零借款是不正確的！**

銀行不管你有沒有賺錢，只在乎能不能還錢

為什麼讓許多社長甘拜下風的超優良企業，會借不到錢呢？其實是因為銀行不太重視公司的自有資本比率，他們最注重的是還款能力。過去保持零借貸的公司，由於沒有借錢的紀錄，讓人很難評價它的**還款能力**。因此，即使公司自有資本很高，銀行還是會猶豫要不要借錢給你。

銀行在做融資審查時，會將企業分等級。下頁圖表2是日本某都市銀行不久前才制定的等級表。以這張表格來說，一百二十九分為滿分評價。其中「安全性項目」的「自我資本比率」只占十分。

他們也不太在乎你的事業賺不賺錢。「收益性項目」中的三項，配分也總計十五分而已。這表示利益率高、持續盈餘的事業，也不一定借得到錢。

銀行最重視、配分最重的項目是「還款能力」，有五十五分（三項總計），占全體

分數	第 59 期（計畫）結果	配分	分數	說明
5	59.5%	10	9	自有資本（純資產）／總資本（負債＋總資產）
6	25.3%	10	10	付息負債（商業票據除外）／自有資本
7	16.0%	7	7	固定資產（固定負債＋自有資本）
7	354.8%	7	7	流動資產／流動負債
5	22.1%	5	5	經常利益／營業額
5	21.9%	5	5	經常利益／總資本
5	三期盈餘	5	5	
5	7.1%	5	1	（本期經常利益—前期經常利益）／前期經常利益
7	8,163.1	15	12	
5	13.550.0	5	5	
17	0.6 年	20	20	付息負債（商業票據除外）／償還前經常利益
15	112.4 倍	15	15	（營業利益＋利息收入＋股息）／（利息支出＋折扣費用）
12	3,228.3	20	14	經營利益＋折舊費用
101		129	115	
78		100	89	

分數	等級	重點
25分以上	6	風險稍高但屬於容許範圍內。
25分以下	7	風險很高須徹底管理。
警戒	8	現在的債務無法履行。
延遲	9	無法預測履行的手段。
事故	10	毫無履行的手段。

第 59 期等級判定

2

以池井戶潤著《公司的等級》（中經出版）為基礎，加上作者的資料更新製成。

圖表2　武藏野的 53 期、54 期（計畫）、59 期（計畫）長期財務評等

項目（單位：百萬元）	第 53 期			第 54 期	
	結果	配分	分數	結果	配分
1 安全性項目	53 期經常利益：400.0				
自有資本比率	20.9%	10	3	29.4%	10
槓桿比率	245.4%	10	2	114.1%	10
固定長期適合率	42.1%	7	7	37.1%	7
流動比率	296.0%	7	7	223.3%	7
2 收益性項目	52 期經常利益：293.0				
營業利益率	6.6%	5	5	23.0%	5
總資本利益率	9.9%	5	5	31.5%	5
收益流	三期盈餘	5	5	三期盈餘	5
3 成長性項目	51 期經常利益：201.6				
經常利益增加率	36.5%	5	5	385.0%	5
自有資本額	843.1	15	6	1,813.1	15
營業額	6,074.7	5	5	8,426.8	5
4 還款能力	53 期營業利益：413.0 53 期折舊費用：72.0				
債務償還年數	4.3年	20	14	1.0年	20
利息保障倍數	15.6 倍	15	15	73.0 倍	15
現金流量	485.0	20	6	2,047.0	20
定量因素合計		129	85		129
以滿分一百分計		100	66		100

分數	等級	重點
90分以上	1	沒有風險。
80分以上	2	幾乎沒有風險。
65分以上	3	些許風險。
50分以上	4	雖有風險但屬於良好水準。
40分以上	5	雖有風險但屬於平均水準。

第 53 期等級判定	第 54 期等級判定
3	**3**

的四成多。也就是說，你如果在這個項目沒有拿到多一點分數，等級就不會高，較難通過審查。自我資本比與收益性沒有那麼重要，**最重要的是你的還款能力**。

「還款能力」中，尤其以「現金流量」的配分最高，占二十分。我一直不斷苦口婆心的說「**與其有時間看自己的自有資本比率，不如看自己有多少能馬上用的錢**」，現在大家可以理解原因了吧。

「銀行怎麼可以只重視還款能力。應該更注意事業的內容，像是收益性和未來性等才對。」有些經營者看到這張表格可能會生氣。

生氣沒問題，但生氣的目標錯了。

配合公司和配合銀行是兩回事。「看看我的事業表現」，這種想法是要對方配合公司。但銀行對貸款方的事業毫無興趣。銀行的本業就是運用存款者存的錢產生利益，他們會把錢借給最有可能還得起利息與本金的公司。這才是銀行正確的經營態度。

但假使雙方著重的重點不同，應該以何者為優先？

當然是配合強的一方。想要借錢，就表示你有困難，當然要配合銀行的要求。這時候抱怨也無濟於事。重要的是，**自己能不能配合銀行的要求**。

有人形容銀行是「晴天借傘，雨天收傘」。既然如此，我們應該趁晴天——經濟環境較安定的時候——借錢才對。等到傾盆大雨（如雷曼事件）時才急著借的話，一定借不到。此外，為了配合銀行設定的基準，必須事先設法提高自己的資格。具體來說，提高還款能力是最有效率的做法。

銀行的標準會隨著時代改變。最近我得知，**有八〇%的銀行會把保證金（不動產）的金額列入評價的對象**。

於是，我又在自動評價等級的應用軟體中，追加一項項目：保證金（不動產）。雖然我曾認為「保證金一點關係也沒有」，但既然銀行也會看保證金的話，我們就要配合它。畢竟，要不要借錢是由銀行決定。

可能有人認為，銀行真任性，老是強迫大家配合他的需求。

其實，銀行也要受金融廳（按：相當於臺灣的財政部）的擺布，金融廳的政策一改變，他們也得跟著變。如果不聽金融廳的話，銀行就開不下去了。銀行也有他們為難的地方。

這樣大家了解了嗎？我們在「金融廳——銀行——公司」這座金字塔的最底端，公司也必須間接配合金融廳的要求。

金融廳的方針讓中小企業苦不堪言。金融廳重新整併銀行後，造就出幾間超大型銀行。超大型銀行因為組織太過龐大，無法隨機應變，很難滿足地方性小規模的資金需求。因此，中小企業完全承受銀行巨型化後產生的弊害。日本的公司有九九%為中小企業，若中小企業的元氣受損，日本經濟將會毫無生氣。老實說，銀行巨型化是失敗的政策。

但是，公司不可能呆呆的等著錯誤的政策被矯正。正因為處於嚴峻的狀況，更應該要想辦法適應眼前的現實存活下去。**經營者不可以期待別人配合自己的看法，應該配合銀行的看法**來做思考，以適應現實。

我指導過七百間公司，沒有一間倒閉

借錢才是正確的。但若借款金額大到讓還款停滯不前時，反而會讓公司陷入危機。那麼，究竟**借多少錢才算適當呢**？

還款能力通常是這樣計算，「**經常利益的四分之一＋折舊費用＋預定納稅額**」。借款只要在這個合計金額內都算安全，即使還款日期逼近也不用擔心。

唯一要注意的是利息。如果剛好借滿這三項的總計金額，光是利息的部分可能會壓得你喘不過氣。所以借錢的時候，要先考慮到利息。如果不太會算，現在的應用軟體都可以自動幫你計算。

我們就自己開發了一套「制定資金運用計畫的支援系統」，可以配合銀行的方針制定資金計畫，供經營支援全體會員使用。這套系統**指導過七百間以上的公司，沒有一間倒閉**（目前我們已經收到這套系統的專利許可證，代表專利已經生效）。

利息當然越低越好，但是中小企業絕對不可以寄予太大的期望。大家想想，銀行同樣借十億元出去，借給一間大型企業十億，和借給一百間中小企業各一千萬元，哪一種比較費工？

當然是後者。細分成一百間的借款，銀行員就得製作一百份的書面請示書，人事費用也會跟著提高。為了彌補這點，利息設定高一點也是理所當然。老是高喊「不要歧視中小企業」，不過是經營者的任性而已。

選浮動利率不如選固定利率

因為太過在意利息，而**選擇浮動利率貸款是很危險的事**。銀行會提供兩種利率：浮動利率與固定利率，以借款來說，浮動利率的利息比較低，因此許多經營者都選擇這項。但我反而會選利息較高的固定利率。因為風險比較小。

現在我們正處於史上空前超低利率的時代。利率下降，日圓就貶值，出口企業賺錢，股價上升。為了配合國家的狀況，日本銀行（按：簡稱日銀，是日本的中央銀行）會意圖壓低利率。

但是，這種異常水準的低利率，至今已經維持十年以上。當異常時間太久，結束時會有很大的反彈，更沒有人知道低利率時代什麼時候才會結束。但當那個時代來臨，利率一定會一口氣大幅上升。

用浮動利率借錢的話，中途若遇到利率上升，還款金額會增加。有時甚至會變得比當初用固定利率借款還高。

選浮動利率好還是固定利率好，在結果尚未揭曉前，沒有人知道答案。但選擇利息較高的利率，**利息超出的部分，可以列入扣除額，達到節稅的效果**。

經營者的責任與義務就是經常設想最糟糕的狀態。因此，被眼前的利息吸引，用較難避險的浮動利率借錢是不太好的決定。即使利息稍微高一點，選擇容易、且能確實執行還款計畫的固定利率借款，才是正確的。

銀行不只看你的定量資料，你得提供三種定性資料

前面提過，銀行借錢給公司時，最重視的就是公司的**還款能力**。

當沒有貸款紀錄的公司提出貸款申請時，銀行會要求你提出三期份的財務報表。因為要粉飾一期的財報不困難，但要連續粉飾三期就不容易了。如果可以連續粉飾三期而不穿幫，代表那位經營者的頭腦一定非常好（當然，粉飾財務報表是絕對不能做的事）。總之，銀行會看你三期份的數字，再判斷要不要借錢給你。

但光是數字等「定量資料」表現很優秀還不夠。

銀行借錢的流程是這樣的：銀行分行的負責人會先整理有意貸款的公司之情報，接著做成書面請示書上呈長官，最後由分行長做出裁決。書面請示書若只提到定量情報的話，高層不會做出裁決。以日本首屈一指的地方銀行橫濱銀行來說，高層會把請示書退回去，告訴你：「**我看不到它的靈魂。**」

這裡所謂的「靈魂」，指的是無法用數字表現的「**定性資料**」，例如：

「經營者很有幹勁，體力也很好。」

「員工朝氣蓬勃，工作時心情開朗。」

「工廠十分整潔，讓人不用擔心會有意外發生。」

這些資料不會出現在財務報表上，卻是高層判斷一間公司會不會倒閉的重要訊息。若書面請示書只提到定量資料，一定會被撤回。**定量資料是過去的資料，定性資料是現在的資料**。財務報表是定量資料的基礎，是經營者的聯絡簿，它把過去的經營成績化為數字。

但相對的，定性資料則是暗示公司體質的資訊。只要了解公司的體質，就可以推測未來。因此，越是老練的銀行員越會注意定性資料，再決定要不要借款。

那麼，要怎麼樣才能打造出銀行想借錢給你的公司體質呢？

我推薦的是三項組合是，**經營計畫書、經營計畫發表會、以及拜訪銀行**。「經營計畫書」就是明確記載公司的 rule（規定、規則、方針）以及目標數字（事業構想、營運目標、利益計畫）的手冊。

許多公司的公司方針都藏在經營者的頭腦中。經營者偶爾口頭傳達給幹部和一般員工，不過因為是口述，聽到員工耳裡可能又會有不同的解釋。結果就是，員工各自朝著不同方向前進。

如果你是銀行，會借錢給一間領導者的方針沒有貫徹給員工的公司嗎？你一定害怕得不敢借。

想要員工朝著同一個方向努力，需要一些「工具」的幫忙。以武藏野來說，這個工具就是活用經營計畫書。把方針和目標確實、清楚的記下來，印在隨身記事本大小的手冊上，讓員工可以隨身攜帶。有了規則手冊，「我沒聽過」這樣的藉口就不管用了。

關於經營計畫書上所記載的規則，員工就不用說了，連身為經營者的我也受到同樣的規範。公司的方針不會隨著經營者的三心二意改變，這樣銀行也會感到更加安心。

第二項的「**經營計畫發表會**」就是在每期開始的那天召開發表會，對全部員工發表經營計畫。同時，邀請銀行的分行長來參加，並在當天遞交經營計畫書。

邀請分行長參加的目的是，讓對方了解經營者與員工的態度；分行長會觀察經營者是否對員工誠實；員工是否認真傾聽，沒有打哈欠……經營計畫發表會能讓分行長親身感受定性資料。其中最容易讓人感同身受的就是**對時間的態度**。

武藏野的經營計畫發表會一定會準時開始，準時結束。無論是上半場的經營計畫發表、員工表揚等活動，或下半場的聯誼會，我們全都會嚴守時間。

某地方銀行的分行長就曾斷言「**光是準時開始這一點，我就願意通過融資**」。銀行信任遵守約定的公司，認為不遵守時間的公司，代表他們也不會遵守約定（還錢）。所以為了讓發表會準時開始，我們會非常細心、認真的準備彩排，確保發表會按時開始、結束。

讓對方感受到**公司的團結**也是很重要的事。在武藏野下半場的聯誼會中，我們讓新人也一同參加，炒熱現場氣氛。對方看到全體人員在聯誼會中團結和諧的樣子，一定會產生「這間公司所有人都朝著同一個方向前進」的感受。

三項組合的最後一項就是「拜訪銀行」。

一般的經營者想要借錢時，總是去銀行鞠躬哈腰。借到錢之後，就老是躲著銀行，避而不見。這麼做絕對不會有機會借錢。

以我來說，我**把十家銀行分成三組，每個月訪問銀行一次**，向他們報告我們的業績。業績長紅的話，銀行會感到安心。即使業績不好，銀行也會因為我們毫不隱瞞的告知，對我們產生「這間公司不會說謊」的印象。

有些人認為業績不好還去拜訪銀行，那個樣子非常難堪。我能了解這些人的心情，但是逃避會失去信用。即使狀況不好，也不逃避、唯有主動拜訪，這樣的經營者才能獲得銀行的信賴。

經營者若擔心自己會臨陣脫逃，可以事先告知銀行，公司把每一季的第一天訂為銀行拜訪日，這樣就逃避不了了。

行程要訂在銀行比較閒暇的時間。一般來說，銀行最忙碌的時候在月初和月底，還有每個月的五日、十日。因此最佳的拜訪時間是**十六日至十九日**。

銀行於下午三點關門，這段時間他們特別忙，這時即使拜訪也沒有人會理你。所以我都在**早上**拜訪，停留時間約**二十分鐘**。

報告的對象最好是擁有裁決權的分行長。但是，有時候分行長不在，或是有些分行長不會接待中小企業業主。沒關係，我們的目的是定期向銀行報告，與其重找時間拜訪，不如**照預定的時間報告**，更容易留給對方好印象。

利率從一．八八%變成〇．八%，還不用擔保

只要做到這三點，銀行就真的會借錢給我們嗎？

五十嵐啟二社長率領的 Igarashi 公司（販售喪葬用品）是一間**連續八期增收**的優

良企業。他的定量資料無懈可擊，銀行也願意借錢給他。但在以前，五十嵐社長借錢時，都必須附上個人擔保。

這四年來，他已經可以**用無擔保、無保證的方式借到錢**，就是因為透過這三項組合的努力，在定性資料上獲得銀行高度的評價。

前述的近森產業的白木久彌子社長，也是實際感受到定性資料效果的其中一人。白木社長得知日本政策金融公庫的利率很低後，決定跟銀行借兩千萬元。由於他們的經營計畫發表會已經結束，所以無法邀請分行長參加，所以就直接把發表會中的內容口頭轉達給負責人後，表明「我想直接跟銀行高層的人見面」。

白木社長說：「我約銀行高層來參觀我們工廠，對方看到公司同仁上下齊心的樣子，還提高金額：『不如貸五千萬怎麼樣。』接著，我和他談話之後，他又說：『你們公司很有願景，我還可以借你們更多喔。』最後，**我用〇．五一%的利率，無擔保、無保證，借到一億元**。」

有趣的事還在後頭。

白木社長拿著這一億元去大型銀行，說「現金太多」要把之前的借款還清時，對方害怕優良客戶跑掉，趕緊把一．八八%的利率調降到〇．八%，連父母親的個人擔保的抵押權（按：債權人對債務人或第三人不移轉占有，而提供擔保的財產。在債務人不履行債務時，依法享有就擔保的財產變價款並優先受償的權利）都移除。

「一開始我把在武藏野學到的做法帶進公司時，我雙親非常反對。但是當他們聽到銀行把貸款的個人擔保移除後，媽媽態度大轉變，開心的告訴我：『公司交給久彌子經營真是太棒了』。」

公開定性資料，反而更容易借到錢，連之前借的貸款，也可以輕鬆的去除個人擔保或保證。

最高限額抵押權——銀行不准你向其他銀行貸款的詭計

從銀行借錢時，許多公司會提供土地或定期存款作為擔保。萬一還款還不出來時，銀行就會把這些作為擔保的資產，變現回收現金。銀行這個組織就是專做穩賺不賠的事。

到目前為止，一般人都能了解。但一被問到「您提出的擔保是設定成『**普通抵押權**』，還是『**最高限額抵押權**』」時，大概就呆住了。

普通抵押權是針對一次借貸的擔保設定。舉例來說，想借兩千萬元時，就拿價值兩千萬元的土地作擔保。如果設定這塊土地是普通抵押權，當兩千萬還清，抵押權就可以塗銷。

相較之下，最高限額抵押權不限於一次抵押，而是**連續性**的。如果把土地設定成最高限額抵押權，借兩千萬還兩千萬後，不用再設定新的抵押權就可以再借兩千萬元。

銀行會說：「每次借錢都要辦擔保的手續太麻煩了，還要付印花稅，不如設定最高限額抵押權。」許多經營者都會傻傻的被呼攏。以我們經營支援會員來說，有九七％的企業當初都把土地設定成最高限額抵押權。若照銀行的話做，事後一定會得到慘痛的教訓。假如你想借兩千萬，**銀行會這樣引誘你**：

「你這塊土地有一億元的價值，乾脆設成最高限額抵押權吧。額度有一億元的話，之後要追加融資也很方便。」

銀行希望借方設定最高額度的最高限額抵押權，是因為其他銀行對這塊土地就只能設定第二順位抵押權了。這麼一來，**就不會被其他銀行搶走客戶**。

「不用跑其他銀行，可以直接從這裡（設定最高限額抵押權的銀行）借到錢，沒問題的。」會這麼想的經營者就太天真了。

即使把價值一億元的土地設定成最高限額抵押權，無知的經營者會認為借了兩千萬元之後，還有八千萬元的額度可以借，但這只限於公司業績好的時候才有可能。當你們公司的業績惡化，有可能還不出款時，銀行就可以做出不繼續借貸的判斷。這是他們的機制。

如果我有一億元的土地，但只想借兩千萬元，我會**把土地分割成數筆**（把一筆土地合法地分割成數筆土地），然後**只把兩千萬元的土地設定普通抵押權**。剩下的八千萬元的土地，等到有需要時再拿來作為擔保活用。雖然這麼做比較耗時間和成本，但相對安全得多。

「透支帳戶」很危險

以擔保的風險來說，經營者在不了解的狀況下就使用「**透支帳戶**」也很危險。用支票或票據結清的公司戶頭，稱作「支票帳戶」。支票帳戶有「透支帳戶」的功能：當戶頭的餘額不足，無法結清時，銀行可以暫時代墊一定的額度。

但是這個透支帳戶也有設定擔保，要是無法清償暫時代墊的錢，作為擔保的土地就會變成銀行所有。

開設支票帳戶時，銀行一定會向經營者說明這個風險。因此，開設帳戶的本人也會知道它的危險性。但令人擔心的是，繼承公司的第二代或接手的主管、經營者可能不知道這件事。

接手經營的人通常是在倉皇的狀態下接下職位。因為匆忙的交接，許多細節沒有一一確認，就急忙的蓋下印章。最後，很容易在不知道透支帳戶的恐怖之下，使用了這個「似乎很方便」的功能。等到你開始有還款的困難、驚覺「其實它有附擔保」時，便為時已晚。即使失去重要的土地，也不是銀行的錯，而是**自己無知的錯**。

當然，如果可以不附加擔保是再好不過了。如果銀行評價「這間公司是個會遵守約定的公司，值得信賴」的話，確實有可能移除擔保或保證。

我經營的武藏野一開始也是透過擔保借錢。但現在連上我經營課的學員當中，約**六成的公司可以無擔保、無保證的借到錢**。

「沒有擔保或保證根本借不到錢」，在過去這樣的觀念可能是常識，但只要弄懂了與銀行來往的方法，還是可以用無擔保、無保證的方式借到錢。

第3章

主管的錢意識：先看資產負債表——損益表會騙人

中小企業的經營者中，有八成的人不看自家公司的財務報表。但剩下的兩成就會仔細看財報嗎？

不見得。

因為法律上的要求，公司有義務製作財務報表。財務報表有「P／L」（損益平衡表）以及「B／S」（資產負債表）兩種，即使有些經營者說「我會看財報」，但細問之下會發現，他們通常都只看損益表，**會看資產負債表的經營者根本是鳳毛麟角**。

看資產負債表沒成就感，所以選擇不看

「懂得讀損益表已經很不錯了」，當負責經營事業單位的主管這麼想就危險了。

經營者最優先看的應該是資產負債表，不是損益表。要是搞錯優先順序，只讀損益表的經營者會讓公司陷於危險之地。因此，我建議你應該立刻改掉這個習慣。

在了解原因之前，我先來介紹損益表與資產負債表最基本應了解的知識。

損益表能計算在某段期間（一個月或一年）內，公司花了多少錢、有多少收入，兩者相抵後，顯示公司賺（或賠）多少錢。更簡單來說，大家可以把它當作**明確表示出一**

間公司到底是賺、賠多少錢的財務報表。因為它是計算損益（profit and loss）的報表，所以又簡稱為損益表。

另一方面，資產負債表則是顯示在**某個時間點**（到某年某月某日為止），公司的資產運用狀況的財務報表。公司的資產有多少現金，有多少錢用在設備投資的機器等，透過這張表讓公司**現在的狀態變得一目瞭然**。

這些資產絕對不是從天而降，也不是從別人那裡借來的（負債），就是靠事業本身創造出來的（純資產）。見下頁圖表3左側的「資產」的金額，與右側的「負債」與「股東權益」的合計金額會一模一樣，所以又稱作 Balance sheet，簡稱為「B／S」。假使它失衡，「負債」大於「資產」，那就是無力償付，公司就會倒閉。

那麼，經營者應該要怎麼看資產負債表呢？

讓我們再複習一次，公司會在什麼時候倒閉？當公司虧損的時候嗎？不是，即使收支是虧損，只要公司擁有足夠支付帳款的錢——會計科目中的「現金」，就不會倒閉。因此，**顯示盈餘或虧損的損益表，絕對不是我們優先要看的報表**。

公司只在現金見底的時候會倒閉。公司有沒有錢，只要看顯示現在資產狀態的資產負債表（見七十三頁圖表4）當中的「現金」欄，就一清二楚。

公司現在有多少「錢」？金額全都加在「現金」，就位於資產負債表左側「資產類」的「流動資產」的第一項「**現金存款**」這項會計科目中。只要這個數字夠大（相當於三個月營業額），公司就不會周轉不靈而倒閉。其他的資產也是一樣，流動性越高，公司就越不容易倒閉。為了確認這一點，經營者應該看資產負債表。

即使是那些自負懂得看財務報表的經營者，通常也只會看損益表。但是就優先性而言，損益表不是最先要看的。即使不看，公司也不會立刻倒閉，但若不看資產負債表，就無法發現公司是否陷入危機。甚至極端的講，**經營者只要看資產負債表就夠了**。

許多經營者會搞錯優先順序，是因為滿

圖表3　無力償付的結構

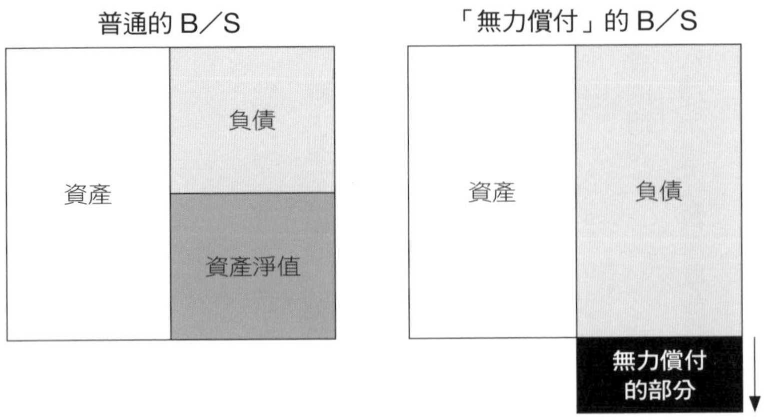

圖表4 B／S（借貸對照表）的結構

（單位：千元）

資產類		負債類	
會計科目	金額	會計科目	金額
流動資產	435,000	流動負債	189,000
現金存款	142,000	應付票據	80,000
應收票據	150,000	應付帳款	40,000
應收帳款	100,000	短期借款	53,000
商品存貨	45,000	其他	16,000
暫付款	1,000	固定負債	141,000
備抵呆帳	△3,000	公司債	30,000
固定資產	185,000	長期借款	111,000
有形固定資產	143,000	負債合計	330,000
無形固定資產	4,000		
投資以及其他	38,000	**資產淨值**	
資產	0		
遞延資產	0	會計科目	金額
開業費用			
		股本、資本公積	60,000
		保留盈餘	230,000
		（本期淨利）	（30,000）
		資產淨值合計	290,000
資產合計	620,000	負債、資產淨值合計	620,000

左側標示：
- 短期可以現金化的營業資產（流動資產）
- 設備等資金長時間閒置的資產（固定資產）
- 短期可以現金化的營業資產
- 資產總額

右側標示：
- 短期應償還負債（流動負債）
- 長期應償還負債（固定負債）
- 他人資本
- 不須償還資本（資產淨值）
- 自有資本
- 資本調度來源
- 資本總額

足感。

翻開損益表，羅列的都是「營業額」、「營業利益」等一些令人心跳加速的項目。這些會計科目與經營者、員工的努力程度有關，越努力就越高。由於它與大家的努力程度有直接關聯，勤奮的經營者看這份報表時能得到許多樂趣。

但資產負債表上面的「應收帳款」、「應付帳款」、「保留盈餘」等，列出來的都是一堆不常聽見的科目名稱，讓人搞不懂是什麼意思，看了也不會讓人開心。再者，資產負債表是顯示**現在狀態**的財務報表，看了這些數字，不會讓人產生「這一期我們很努力」的充實感。就某種意義來說，經營者對資產負債表不感興趣也是理所當然的。

但是，經營者不能靠心情來經營公司，為了守護公司，該看的數字還是要看。這個覺悟要先建立起來。雖說如此，也不用擺出一副如臨大敵的樣子。雖然它看起來很難懂，其實只要抓住幾個重點，任何人都能掌握。

而且，只要懂得看資產負債表就能了解，當經營者的樂趣之處，就在於製作資產負債表。當你看懂之後，眼前所見景色會有一百八十度的大轉變。

沒學會計，也能看懂會計科目：過帳

「資產負債表上面列了一堆我從沒聽過的會計科目，光是看就讓人頭疼。」在武藏野會員中，有許多經營者最初也是這麼想。

但是他們後來都對資產負債表越來越了解，有不少人現在已經可以成為講師，替其他的經營者上課。

光看會計科目就頭疼的經營者，第一步應該要做的是**過帳**（從帳本裡，將總額抄到資產負債表表格上）。把自家公司的資產負債表的表格親手抄寫一遍。

如果認為「抄寫太簡單了，連小學生都能完成」就太天真了。許多經營者看不懂會計科目，所以在抄寫時會感到不安，於是打電話給會計人員：「我問你，上面寫的『應收貸款』是什麼意思？我有借這麼多錢嗎？咦？你說不是我借的？」看不懂資產負債表的經營者常常會產生疑惑，光是抄寫就會出現上述的情況，其實還挺花時間的。

當然，只過帳一次，不可能全部學會。但若每個月做一次，大概就可以掌握每個會計科目表示的意義（關於主要會計科目的重點，我會在本章的後半解說）。在這個階段，只要大致掌握會計科目的數字就夠了。

最重要的是，**用自家公司的數字過帳**。

解說會計的相關書籍上面刊載的範例數字，都太過單純。雖然表面上看起來很適合入門，但那些範例的數字都是別人家的事。抄寫那些不真實的數字，不會讓你當真。

我年輕時也曾因為想學會計，去買了那些教科書來看。但通常書本打開五分鐘，就被我丟在一邊了。

透過自家公司的數字學習還有一個好處，就是可以直接請教公司裡的會計人員。教科書上說明「應收帳款指的是，借出的資金約定在一定的日期內償還」。其實這一點也不難懂。只是，公司會計人員的解說會更單刀直入：

「我們公司的×××買房子的時候，不是拜託你借給他頭期款三百萬嗎？就是那筆錢啦！」

教科書的說明太抽象，自己公司的會計人員說的比較具體。作為一位老師來說，公司裡的會計當然表現得更優秀。

共信冷熱公司（山梨縣，業務用空調設備）的岸本務社長是一位很用功的人，曾努力學習讀財務報表。雖然岸本社長的兒子遲早接手管理公司，但他對數字一竅不通。岸本社長為了教會兒子看懂財務報表，第一件事就是叫兒子把資產負債表過帳一次。

岸本社長說：「我們公司的資產負債表，和武藏野準備的格式不一樣，所以他在抄寫資產負債表的時候，常常出現障礙。因為不能照抄，所以他和我們公司負責會計的員工討論，重新整理我們公司的資產負債表。在討論的過程中，他好像慢慢了解會計科目的意義了。」

由於是自己動手做，所以一定會注意自己到底在寫些什麼。這就是理解資產負債表的第一步。

怎樣的資產負債表叫做「好公司」？

大致掌握會計科目的意義之後，接下來就要理解這些項目**為什麼要照這樣的順序排列**。

請看七十三頁圖表4。左側的「資產類」可以分成三個區塊，由上而下分別是**「流動資產」**、**「固定資產」**、**「遞延資產」**。其實這個順序有規則，每一個區塊裡面也是按照同樣的規則排列。流動資產的區塊是照「現金存款」、「應收票據」、「應收帳款」……這樣的順序排列。

它們究竟是遵照什麼樣的規則排列呢？答案是流動性的高低。換句話說，照著容易變現的程度由上而下排列。

比方說，為了建立工廠而取得的土地，即使它的資產價值很高，但是因為無法立刻變賣，因此在資產類中「土地」會排在比較下面。相對的，「應收帳款」依行業類別不同，大概都在一到兩個月內可以回收並換成現金，所以它位於「資產類」較上面的位置。

我前面說過，為了不讓公司倒閉，**經營者最應該確認的部分是現金**。首先，**最重要的是「現金存款」**。所有的資產中，沒有一個流動性比它還高。不但遇到突發狀況可以立刻換成現金，當你擁有越多容易變現的資產（如定存），銀行就會更安心的把錢借給你。**排在資產類越上方的會計科目數字越大；排在越下方的，數字越小，這就是最理想的資產負債表**（見左頁圖表5）。

右邊的「負債類」與「股東權益」排列也有規則，就是根據資金調度的容易程度。調度資金需要一定的信用度，但即使信用度很低的公司，也可以相對簡單的透過（排在上方的）「應付票據」或「短期借款」籌措資金。相反的，信用度較低的公司就很難增加下方的「公司債」或「長期借款」的數目。

圖表5　資產負債表攻略法

容易變現 ↑　　　　　　　　　　　　較容易拿到現金 ↓

資產類	負債類
I 流動資產	I 流動負債
現金存款	應付票據
定期存款	應付帳款
應收票據	未繳開銷
應收帳款	短期借款
存貨資產	其他的流動負債
預定納稅	暫收消費稅
其他流動資產	公司債
暫付消費稅	長期借款
⋮	⋮

很難變現　　　　　　　　　　　　很難調度資金

排在越上面的會計科目，其數字要越大。

排在越下面的會計科目，其數字要越大。

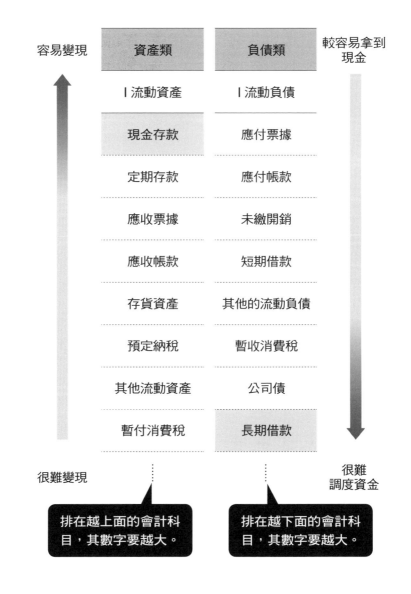

在「負債類」中，會計科目顯示的數字是往上或往下越大越好呢？

站在銀行的立場思考，銀行會把錢借給信用度較高的公司。只要銀行願意繼續借錢給我們，公司就不會倒閉。所以**在「負債類」中，越下面的項目數字比上方數字大越好**。

只要了解這件事，身為經營者就知道接下來該做的事，是讓越上面的**「資產類」科目數字越大，「負債類」、「股東權益」的科目，則是排越下方，數字越大**。刻意照這個方式挪動資產負債表的數字，你就能打造出**即使遇到突發狀況也不會倒閉的強大公司**。

以「資產類」來說，增加流動資產比增加固定資產重要。同樣是流動資產，為了將應收帳款挪動到現金那一欄，就要考慮採取一些能夠提早回收現金的措施。相反的，如果是「負債類」的話，就應該減少應付票據，增加應付帳款；或與其增加短期借款，不如增加長期借款等，應採取這類的措施。

經營者工作最大的樂趣就在這裡。損益表的數字是從經營者到全體員工大家齊心協力的結果。面對未來我們可以計畫，但過去的結果不可能再改變。而**資產負債表是顯示未來的數字，可以按照經營者個人的意志改變**。經營者的責任雖然很重大，但相對的成就感也很大。

應收帳款不是越大越好

要增加「資產類」上方科目的數字，及「負債類」下排科目的數字，這是經營者的工作。但並非胡亂設定數字就好。想要製作出穩健經營、不會周轉不靈的資產負債表，你需要計畫。

資產負債表的計畫必須配合長期事業計畫來制定。關於制定長期事業計畫的方法留待後述，至於資產負債表的計畫，只要決定損益表的計畫幾乎就可以自動產生。

決定「一年提升營業額一〇％」的同時，也決定了利益和稅金的金額。

「從現在起，我要增加多少現金才能避免危險？」

「想要增加現金，要去銀行借多少錢才夠呢？」

「應收帳款和應付帳款要調整到多少才適當呢？」

諸如此類，這些具體的目標都可以計算得出來。

計算時，如果有前述的「制定資金運用計畫的支援系統」這套軟體，就可以簡單的計算出來。但一開始我還是建議，你自己拿起計算機一個一個把數字敲出來，讓頭腦快速吸收和理解。

經營者要做的事，是**檢視如何讓這些數字朝著自己的目標邁進**。

檢視的方法可以用類比的方式。先準備一張紙，把上一期結算的資產負債表抄寫在左邊。這是本期期初的現況數字。接著在同一張紙的右側上，把期末的目標數字填上。一開始你可以單純把期初的數字乘上成長率（比方說比前一年成長一五％）。填入數字後，每個月確認數字是否位於兩者之間。

請看第八十四、八十五頁的圖表6。

「應收帳款」的期初數字是三億三千一百九十萬元，期末的目標是三億九千六百一十萬元的話，六月的數字三億三千三百三十萬元位於這兩者之間，所以沒問題。這時候，你就什麼都不用做，等到下個月再檢視即可。

不過，當數字無法收在期初或期末數字時，就屬於**異常值**。應收帳款比期初的業績低，或超過期末目標的三億九千九百萬元，就表示哪裡出問題，沒有按照計畫進行，必須找出異常值出現的原因，迅速採取必要的措施。

若你以為應收帳款突然暴增超過目標值，是一件可以放手不管、可喜可賀的事情，那你就大錯特錯了。

應收帳款增加的原因有兩個。一個是**營業額的增加**。另一個是**回收延遲**。如果是營業額增加、應收帳款也增加的話，確實是好消息。但若營業額沒有成長、回收速度變慢，而應收帳款增加的話，就現金流量的觀點來看，這是個壞消息，不僅不值得高興，反而還是**危險訊號**。

由此可見，**資產負債表的數字有雙面性**，絕對不是「只要增加／減少就好」這麼簡單的判斷。因此，當數字超過目標，你不應該認為「太棒了，沒想到目標提早達到了」，應該判斷「**那裡出現異常**」才對。盡早察覺異常值，提出對策，才能保護公司。

「長期借款」應占整體借款的八成以上

關於**資產負債表的主要會計科目，經營者最少要知道一個重點。那就是借款**。為了創造現金，我們一定要向銀行借錢。借款有分成**短期借款**與**長期借款**兩種，在借錢之前，應該先了解這兩者的差異。

（單位：百萬元）

負債類	第53期	6月	10月	2月	期末
I. 流動負債	918.4				2,081
應付票據	0.0				0.0
應付帳款	120.3				166.9
＊未付開支	188.3				261.2
＊未付手續費	16.5				22.9
暫收（未付）消費稅	314.8				436.6
預收款	94.2				130.7
貼現票據	0.0				0.0
短期借款	0.0				0.0
預付款	39.4				54.6
納稅準備金	121.8				970.0
準備金（獎金、薪資等）	-18.8				-20.0
其他的流動負債	41.9				58.1
II.固定負債	2,268.6				2,264.2
長期借款	2,069.1				2069.1
未付分期付款	15.4				15.4
公司債	0.0				0.0
租賃負債	184.1				179.7
負債合計	3,187.0				4,345.2
資產淨值類	**第53期**	**6月**	**10月**	**2月**	**期末**
I. 股東資本	843.1				1,813.1
1. 股本	99.3				99.3
2. 資本公積	0.0				0.0
3. 保留盈餘	743.8				1,713.8
法定盈餘公積	31.2				31.2
內部保留	412.6				712.6
遞延損失	0.0				0.0
當期利益・損失	300.0				970.0
4. 庫藏股	0.0				0.0
II. 其他資產淨值	0.0				0.0
評價・換算差額	0.0				0.0
新股認購權	0.0				0.0
純資產合計	843.1				1,813.1
總計	4,030.1				6,158.3

圖表6　從應收帳款看出危險訊號！

期初的現狀　——寫上每月的結算金額——→　期末的目標

比較資產負債表

資產類	第53期	6月	10月	2月	期末
I.　流動資產	2,718.6				4,646.2
現金	65.3				65.3
活期存款	1,595.8				3,235.9
支票存款	0.0				0.0
即期存款	0.0				0.0
定期存款	314.5				314.5
應收票據	0.0				0.0
應收帳款	331.9	333.3	399.9		396.1
存貨資產	49.8				59.8
預定納稅	0.0				75.0
暫付消費稅	253.8				352.0
未收款項	11.4				15.8
有價證券	92.2				127.9
其他的流動資產	3.9				3.9
II. 固定資產	1,311.5				1,512.1
1.有形固定資產	264.5				256.1
建物	80.3				76.3
機械	0.0				0.0
車輛	0.1				0.1
備品	0.0				0.0
建設暫付款	0.0				0.0
租賃資產	184.1				179.7
土地	0.0				0.0
2.　無形固定資產	488.6				697.6
軟體	401.5				621.5
其他無形固定資產	87.1				76.1
3.　投資以及其他資產	558.4				558.4
投資有價證券	196.2				196.2
押金・保證金	161.5				161.5
長期包租費用	0.0				0.0
其他投資等	200.7				200.7
III　遞延資產	0.0				0.0
權利金	0.0				0.0
開發費	0.0				0.0
資產合計	4,0303.1				6158.3
總計	4,0303.1				6158.3

OK!（6月 333.3）　NG!（10月 399.9）

〔怎麼看〕
對照現狀與一年後的目標，如果數字在這兩者中間就 OK!
如果跳脫這個區間（無論增減）都要檢視原因！

借款屬於短期或長期，是由還款日期決定。借款後一年內償還的話屬於短期借貸，若比一年長則屬於長期借款。如果一年內可以自由使用的就稱作「流動」，超過一年才可以自由使用就稱作「固定」。

那麼，我們應該借短期或長期呢？

因為銀行不信任沒有往來過的公司，又短期借貸比較容易回收，所以銀行一開始以短期借貸的方式，借錢給想要融資的公司。銀行回收後現金後，如果判斷「果然這家公司很危險，下次不要再借給他們了」，那就謝謝再聯絡了。

即使有辦法從銀行借很多錢，但若都是些短期借貸，就沒有什麼值得自豪的。**能夠從銀行獲得長期借款的公司，才是受銀行信任的好公司**。只有營建業（按：即建設業跟營造業）例外，因為政府機關對他們的評價很低，所以銀行盡量不會給他們長期借款。反正他們要用到建設的機械設備時，只要用租借的方式即可，也不需要向銀行長期借款。又或者，他們可以在期末的時候全額還清短期借款，隔月的一號再借入必要的資金即可。

由於短期借款的利息會設定得比較低，許多社長認為借短期的比較划算。

但請回想一下我之前說過的。借錢就是「**用利息買時間**」。即使利息很便宜，但時間不久就必須償清的話，很可能會因小失大。**正確的做法應該是，即使利息稍微高一些，也要選長期借款**。

最理想借款組合，**長短比應在八〇%以上**，長短比的計算方式是「長期借款／借款總額」。換句話說，我們要做出**長期借貸占全部八成以上**的資產負債表。要是低於這個水準，就要當作自己的公司還沒得到銀行的信任（提高信用度的方法，請參照第二章第五十九頁）。

不斷收現金的餐飲店會倒閉？因為忘了「應付帳款」

接下來是**「應收帳款」**與**「應付帳款」**。

所謂的帳就是帳單。應收帳款指的是商品已經賣出去，但因為貨款後付，所以還沒回收的錢。

應收帳款的回收越慢，現金流量越小，因此原則上應收帳款應該越小越好。只是**應收帳款的增減具有雙面性**。整體營業額減少的時候，應收帳款也會減少，因此要分析的很清楚，到底是什麼原因造成減少。

世界上有很多生意應收帳款等於零。比如餐飲店主要都是收現金或信用卡，所以幾乎不會產生應收帳款，以現金流量來說，餐飲業是最厲害的行業。

但開餐飲店，有八〇%會在五年內倒閉。照理說，開餐廳，應收帳款等於零，手上又有錢，怎麼那麼容易倒閉？

因為他們眼睛只看到現金，**忘記了應付帳款的存在**。

應付帳款和應收帳款相反，是指商品已經進貨，但貨款還沒付的款項。餐飲店大部分的原料都是向業者採購。如果有應付帳款，就要從營業額扣掉進貨與基本開銷，剩下的才是利潤。

但是，剛開業的餐飲店大部分幾乎都是個人經營，經營者很容易誤以為手上拿的現金就是利潤。不少經營者看到眼前的錢，都以為是自己賺來的，一不注意就全部花掉。等到後來，廠商的請款單送來時，才察覺「糟糕，這筆帳還沒付，但錢已經拿去喝酒花掉了」。

當你做的生意是這種不會產生應收帳款，但會產生應付帳款的生意時，最應該要注意這一點。

應付帳款和應收帳款相反，支付期限（最晚支付日之前）越長，現金在手上的時間越長，可以改善現金流量。假使採購金額都一樣，但應付帳款增加，對公司的現金流量來說是有利的。但只執著這點，你的生意不會比較好做。

站在廠商的立場想想。收到貨後立刻用現金結清的客人，與兩個月後才付款的客人，你比較想提供誰品質好的商品？

想都不用想，一定是付現金的客人。改善現金流量的這個想法，如果只考慮到自己的公司，對往來的廠商來說只是造成更多困擾。結果就是，你只能拿到品質較差的貨，不然就是在缺貨的時候調不到貨，讓自己的事業受到更多傷害。

生意想要做得長長久久，就必須**考慮到配合廠商的利益**。從這個角度來想，**支付期限最好不要太長**。盡量減少應付帳款，並**從其他地方（資產負債表的「負債類」的下方科目）調度資金來增加自己的現金流量**，才是正確的做法。

應付票據歸零，杜絕跳票

前面提過，資產負債表「負債類」盡量要讓下方科目的數字比上方科目數字大。

「負債類」最上面的會計科目是「流動負債」中的**應付票據**。應付票據不只是越少越好，**歸零才是正確的**。否則，公司永遠無法擺脫跳票的危險。

應付票據嚴格來說就是應付帳款的一種。只不過應付帳款是口頭約定，即使到了約定的日期還無法付款，還是可以請對方通融「再等一下」。

相較之下，應付票據不是口頭約定，而是給對方一張依日期可換錢的票據。廠商把票據拿去銀行，日期一到，他就可以從公司開票的銀行帳戶中，提領到現金。

這時，假設你的戶頭餘額不足，**這張票據就跳票了**。這個紀錄會通知給全國各金融機關，於是你的公司信用度就一落千丈，也就是說，它真的會讓公司陷入倒閉的困境之中。即使你說「再等幾天我就把錢匯過去」也於事無補。「再等一下」這招在這裡不管用。只要沒有在預定的日期前付清，當場就出局了。

以下是一個真實案例：A公司開了一張到期日為十二月三十一日的票據給往來廠商B公司。A公司雖然沒有虧錢，但是資金周轉有些吃緊，幸好他和B公司老闆認識很久了，拜託他「展延（延長票據的日期）」。B公司老闆欣然答應，使得A公司得以擺脫危機。

但是B公司老闆忘記告訴會計負責人這件事，會計就把票據拿去銀行託收。結果A公司的戶頭餘額不足，銀行打電話給A公司，警告他們「你們這樣會跳票」。但公司正好在休年假，老闆也去國外旅行。年過完後，A公司老闆上班才發現這件事時，但為時已晚，A公司最後因為跳票而倒閉。

開出票據後，有可能會因為一點小小的失誤或疏忽跳票，使得公司關門大吉。所以，把應付票據歸零才是正確的做法。

消除「應付票據」的方法

問題是怎麼做，才能把應付票據歸零？

一般的做法是根本不要開票據，改**用現金支付，但縮短支付期限**。九十天後兌現的票據與九十天後收到現金，對受款人來說沒有太大差別。有許多公司會將到期前的票據轉讓（按：在收到的票據背後註明轉讓給自家公司的往來廠商）給廠商，所以廠商反而喜歡票據更勝於現金。

想要讓對方答應收現金，必須提出一些好處給收款人，其中一項好處就是縮短支付期限。

「結算的三十天後我就付現金給你。」像這樣縮短支付期限，收款方就可以獲得提早回收應收帳款的好處，較願意收取現金。

有人會說：「如果現金足夠當然用現金付就好，就是因為現金軋不過來，所以才會開支票啊。」沒錯，所以這時候如果想要不使用票據，就要透過**增加借貸等手段，創造更多現金**。

名古屋眼鏡公司（位於愛知縣、販售眼鏡）的小林成年社長，還有高井製作所（石川縣、製作豆腐製造機器）的高井東一郎社長，他們都是透過增加借貸，有計畫的減少使用票據，現在這兩間公司的應付票據都已經歸零。

但是，這還要把現金折扣率一起納入考量。通常縮短支付期限時，會根據縮短的期間，訂定不同的支付折扣。就像盡早償還借款可以減少利息支出一樣，你提早支付可以要求對方從面額做一些折扣。假設你的應付票據（三個月期間）現金折扣率為二％（若以三個月到期的票據來算，實質年利率為八％），而借款的利率是一％的話，現金折扣的方式支付壓倒性的有利。

這麼一來，即使從銀行借錢負擔利息，還是要選擇用現金支付。應付票據的現金折扣率的行情約二％，但不一定要照行情走。現金折扣率即使降到一．五％（年利率六％）也划算，受款人也可以得利。即使我們讓利〇．五％，利益還是比借款的利息高，我們也沒損失，可以說是雙贏的局面。

支票帳戶是結算用的戶頭，開票據時需要這個戶頭。所以應付票據若歸零，連支票存款的戶頭也可以關閉。

一家公司沒有支票帳戶就開不出票據。有人會問：「為什麼不歸零就好，支票帳戶還是可以保留啊，遇到困難時，就可以再使用。」為什麼我要大家關掉這個帳戶，就是要讓大家產生**背水一戰，審慎經營的決心**。

武藏野在二十五年前就關閉所有的支票帳戶，並去除所有跟支票存款相關的銀行擔保。其實更早之前我們的應付票據就已經歸零，只是關閉支票帳戶後，連票都開不出來。多虧如此，一路走來，我們在經營上都是嚴謹以待，絕不敢馬虎。

「應收票據」也應該歸零

資產負債表左側的資產類的「應收票據」最好也要歸零。收取票據也有風險，那就是開票人可能因為籌款困難而跳票。

我曾遇過一位社長對我們說：「難道你信不過我們公司嗎？」逼我們收下支票，但我一貫的主張是「**我可以信任客戶，但不信任票據**」。我很慎重的拒絕對方，並停止交易。該公司沒幾年後就倒閉了。現在看來，不信任票據是正確的決定。

若是有特殊情況不得已收取票據的話，應該什麼都不做，持有票據到到期為止。

雖然在到期前，可以把支票拿去銀行貼現（按：銀行承兌匯票的持票人在匯票到期日前，為了取得資金，貼付一定利息將票據權利轉讓給銀行的票據行為，是一種銀行向持票人融通資金的方式）換錢，但貼現需要擔保。再者，如果貼現後開票的公司倒閉，就變成貼現的我方必須贖回支票。換句話說，貼現後，自家公司要擔負跳票的風險。

只要耐心等到票據到期，銀行就會替我們回收現金。雖然也有被跳票的風險，但因為沒有貼現，所以不需要贖回。

靠庫存管理活化組織合作

「庫存」在「資產類」中也是特別要注意的會計科目。

資產負債表上的會計科目基本上全都記載在會計人員的帳簿上。現金和庫存是唯二的例外。現金，是我們可以每天算清楚手邊的金額，掌握正確的數字。但庫存只有在每個月盤點的時候才知道。確認總資產的最後一塊拼圖就在「庫存」。

這時，**盤點**扮演很重要的角色。盤點要是太隨便，總資產就會產生誤差，進而導致資產負債表不正確。雖然有些公司會用帳簿盤點（按：從入庫與出庫的紀錄計算出庫存數），不過基本上現貨還是要做**實地盤點**，因為庫存免不了會發生遺失、遭竊、破損等狀況，所以到現場實際計算數量，才能得到正確數字。

實地盤點通常耗工費時，非常麻煩，但究其原因通常是平時沒有整理好。倉庫內若被整理得井然有序，盤點其實不用花太多時間。武藏野底下的樂清公司，其事業非常多樣化，總共有三百項左右的商品。**我們以前盤點要花五個小時，自從引進 iPad 之後，一個小時盤點就結束了**，讓樂清的各代理商嚇了一大跳。

商品若賣得好，就不會被擺在倉庫，而是在店鋪內，隨時都可以交到客戶手上。庫存越少就是賣得越好的證明。

只有**庫存變多**時，需要擬定對策。一般來說庫存變多有三個原因。

一是害怕商品缺貨會失去銷售的機會，所以販售現場會為了提高營業額，寧願增加庫存。但囤積庫存就等於是把錢藏在倉庫裡。第一線人員不懂這個道理，以為「囤積越多越好，沒關係」。想要改變這個狀況，經營者要介入並適當調整庫存的量。

飯田工業藥品公司（靜岡縣、化學品貿易商）的飯田悅郎社長，每天早上早會結束後，就會自行去倉庫檢視。該公司獲得二〇一六年度的「日本經營品質獎」的「經營革新獎勵獎」。飯田社長持續做庫存檢視的努力，活化了組織內部的對話與共同合作。

庫存變多的第二個理由就是「**交情好就吃虧**」。以製造業來說，庫存有兩種，一種是「原料庫存」，一種是「產品庫存」。若短期內供應商的原料庫存增加，供應商就會要求你公司的採購人員大量購買（有優惠）。因此，若你們公司的採購人員容易因為與供應商交情太好，而失去客觀判斷的話，我建議應該把採購人員換掉。

第三個理由，若產品庫存增加，很可能是因為產品原本就賣得不好。再怎麼好的產品，只要賣不出去就是失敗的產品。如果生產部門沒有了解這一點，就會不斷製造產品，還認為「賣不好是業務的問題」。如此一來，只會使得倉庫裡的「**罪庫**」（按：此詞與日文的「在庫（即庫存）」同音）變得越來越多。

知道賣得不好就不要再生產了、流通業就不要再進貨了。這個決斷非常重要。若不處理堆積如山的庫存，它們永遠是庫存，不會變成錢，此外，還得支付維護管理費。讓這些產品躺在倉庫中，可以說一點好處也沒有，**即使便宜賣，也要把它清光**。

會計科目中的「庫存」，若增加的速度超過營業額增加的速度，一定是出自於這三個原因。這時，你應該立即擬定對策，找出是哪個因素造成這個結果。

庫存被算在資產負債表的「資產」中，有部分經營者看到庫存增加，甚至還不覺得是件壞事。事實上，庫存絕不是「資產」，光是擺在倉庫就要耗費成本，說白了，它可稱得上是資產的「米蟲」。

光是翻開帳簿看，可能不會產生真實感。但只要經營者走進倉庫，親眼看看那些堆滿灰塵的原料與產品，就不得不承認這個事實。因此，我認為**經營者應該要親自走進倉庫瞧一瞧**。

Palcohome宮城公司（宮城縣，不動產業）的菊池靖社長說，最近公司的銀行評等居然從四（五十分以上，雖有風險但屬於良好水準）變成三（六十五分以上，些許風險），讓他很生氣。因為他當時無知，所以說出這句話後，許多經營者前輩聽到都啞口無言，「明明公司的『等級』變高了……」。

我們輔導過的企業中，有幾十位經營者在入會初始，銀行評等都是拿到最差的「十等（按：見第五十二、五十三頁圖表2下方的公司等級，十等為事故、毫無履行的手段）」，其中有三間公司分數低到令人不敢置信，只有「三分」（滿分一百二十九分）。現在回想起來，怎麼可能只有三分，真令人覺得不可思議。

Ａ公司現在的銀行評等已經變成「三」（從三分升到三級），我問他，可以在書中把你們公司的真實名稱寫出來嗎，他每次的回答都是「ＮＯ」。Ｂ公司以前每個月都會開出三十張五百萬的票據（我第一次聽到時，嚇了一跳）。Ｃ公司則不方便細說。但是這三間銀行評等分數都曾經只有三分的公司，經過努力學習之後，現在都變成正常的公司了。

第4章

如何判讀數字，改變一個動作就帶來獲利

理解資產負債表最基本的讀法之後，接下來就是損益表。在上一章，我曾指出「經營者只要看資產負債表就夠了」。

或許會有經營者認為，既然如此，我們為什麼還要學習怎麼看損益表呢？說得沒錯。如果是持續有盈餘的公司，就算經營者不讀損益表也沒關係。

經營最重要的是現金。創造現金只有三個方法：**借貸、折舊、靠事業獲取利益**。如果事業有盈餘，能獲取利潤，那麼經營者就不用讀損益表。但是，假如**公司出現虧損，或是雖然有盈餘、但沒照計畫產生利益，就要讀損益表**。

持續虧損，公司的現金就會減少，如果不提出借貸等手段來周轉現金，公司就會倒閉。而為了使公司照計畫產生利益，經營者也要思考對策。

即使是持續盈餘的企業，也要做最低限度的檢查，看利益是否穩定持續增加。此外，在定期檢查時間，若發現異常值，也可以盡早提出對策。若能趁傷害不大時想出對策，恢復元氣就容易多了。

檢查的方法其實很簡單，**只要一直檢查數字是「增加還是減少」**即可。

首先，每個月都要做損益表，然後與前一年同月相比，不用經過複雜的計算，只要檢查數字是增是減就好，每個人都會。

跟前一年同月比較，就可以避免季節變動因素。比方說，冰淇淋在夏天賣得比較好，企業辦公用品通常會在決算前出現大批的採購。總不會去年的八月很熱，今年八月卻下雪。因此，與前一年同月做比較，才能正確判斷增減的趨勢。

不要被營業額迷惑了，要注意「利益」

損益表應該比較的項目是**毛利（營收總利益）與營業利益**。許多經營者第一眼就急著看營業額，但營業額並非顯示公司收益能力的數字，而是顯示公司在市場上的存在感。公司的實力強弱就是能否靠事業賺錢，這個能力顯示在毛利與營業利益上。

假設有兩間公司，一間是營業額一百億元、毛利五億元的公司，另一間是營業額三十億元、毛利十億元的公司，以賺錢能力來說，後者較高。**不要被營業額迷惑，首先要關注利益**（如果業務人員看不到財報，就得要求他堅守毛利——售價減成本）。

把利益與前一年同月做比較，如果是增加，那就什麼也不用做；如果減少，就表示有異常狀況發生（沒有照計畫產生利益），應查明原因，指示因應對策。經營者要做的只有這些而已。

利益減少有兩個原因：不是營業額減少，就是成本或開銷增加。

若營業額減少，那就再把與營業額相關的數字與前一年同月做比較。假設是來客數減少或客單價下降，就要仔細思考，哪一項商品的銷售量下降了？先做好這些基本調查，再來思考下一步該怎麼做。

成本或開銷增加也是一樣。找出成本增加的原因，比如，是採購的金額變多？還是進貨的數量太多，所以求售變現？增加的部分屬於固定支出還是變動支出……像這樣，不斷檢查這裡或那裡「增加還是減少」，就可以確定利益減少的原因。剩下的工作，就是除掉這個原因。

不是「財務會計」而是「管理會計」

損益表要由**事業部門**、**營業所或分店個別提出**。

給股東等外部的人或關係人看的會計，稱作「財務會計」，而供經營者判斷使用的會計，稱作「**管理會計**」。

法律要求公司提供的財務會計，如果是非上市企業的話，每年公司只要做一次決算即可。但這樣的會計太過粗略，在實務上發揮不了作用。比如A事業虧損，但B事業盈餘，所以全公司處於盈餘的狀況下，光是透過財務會計看不出公司的問題點。等到A事業的虧損持續增加，直到全公司的利益變成負值才發現異常，就為時已晚了。

經營者應該檢視的是**管理會計**。只要每個月親自前往各事業部門、營業所、以及分店，就能做仔細的檢查。

損益表的用處：設定未來經營目標

一般來說，經營者不用仔細讀損益表也無妨，只要檢視利益「增加或減少」就十分足夠了。但只有在制定經營計畫時例外。**每年至少要非常仔細的看一次損益表**。

制定經營計畫要**從決定下期的利益開始做起**。重點在於，利益並不是由「結果」來決定，而是**由經營者帶頭「決定」**。

不是「我們這期的營業額多少，開銷多少，所以下期的利益應該要多少」，而是要這麼想：**「下期的利益我想要多少，所以我們營業額要達到多少，開銷要控制在多少。」**換句話說，不是從現狀往上堆疊的方式，而是**從希望的利益回推決定其他的數**

字。而損益表的用處就是拿來**回推**這些數字。

請看左頁圖表7。一開始要決定的，是「經常利益」（臺灣稱稅前純益）。經常利益可以依照經營者的喜好決定。怎麼訂都可以，最重要的是先決定。

決定完經常利益後，剩下的就是攤開損益表，由下往上一個一個回推。

營業利益可用「經常利益－營業外收益＋營業外費用」計算出來。營業外收益或營業外費用只要看損益表就知道。

接著要看「折舊費用」。翻開資產負債表，以有形固定資產的一五％計算，就能得出折舊費用。根據行業的不同，計算方式多少有些不同，但我公司的企業會員有九五％都可套用這樣的計算。

接下來是「人事費」，這可以透過平均薪資×人數計算出來。「毛利」×勞動分配率就可以算出人事費。或知道人事費後，可以回推出必要的毛利，「人事費／勞動分配率」就是「毛利」。

只要湊齊這些數字，很容易計算出「基本開銷」。「毛利－人事費－折舊費用－營業利益」得出的數字，就是下期可使用的基本開銷。

另一方面，若知道毛利，就可以用「毛利／毛利率」回推「營業額」，「營業

圖表7　先看經常利益，後看營業額

（單位：百萬元）

項目	目標	計算方法	計算順序
營業額	300	毛利÷毛利率	❾
進貨	150	營業額－毛利	❿
毛利	150	人事費÷勞動分配率	❼
人事費	100	平均薪資×人數	❻
基本開銷	40	❼－❻－❺－❹＝❽	❽
折舊費用	3	有形固定資產的 15%	❺
支出總計	143		
營業利益	7	❶－❸＋❷＝❹	❹
營業外收益	1	銀行存款×利率＋房租等收入	❸
營業外費用	2	借款×利率	❷
經常利益	6	存活下去所需必要的金額	❶

（左側箭頭：先看 → 之後看）

先決定經常利益，再由下往上回推。
營業額最後再看！

額－毛利」就可以得出「進貨」的金額。像這樣，透過損益表由下往上回推，就可以得知，下期要達到多少營業額才足以達到目標。

經營者設定希望的經常利益後，就自動設定了下期的營業額。許多經營者總以為利益是最後誕生的結果。但在答案揭曉前，對狀況一無所知的經營者，是不負責任的。要等結果出爐才發現利益不夠，公司很可能會破產。

利益是按照經營者的意思決定。為了產出這些利益，公司必須有計畫性的賣出產品達到必要的金額。**靠回推損益表的數字，才能保護公司**。

把虧損部門變盈餘，關鍵是減人

當某個事業發生虧損時，經營者會透過增加員工或資金，作為補救措施，這樣做可以說一點也不懂得經營。**因應虧損的正確對策應該是減少人員和金錢**。也就是說，應做的決策是**縮小事業規模**。

事業會虧損的原因之一就是營業額不振。所以有不少人認為增加業務或多花一點促銷費用，就可以增加營業額。

的確，這麼做有可能會轉虧為盈。但對於連續幾年都虧損的事業來說，投入新的人力與資金，是愚蠢的策略。與其把資源拿來投入虧損事業，不如**把人力和金錢投入在盈餘事業上**。這麼做可以使整體的利益增加。

有些產品會滯銷，有些產品則是什麼都不做也賣得很好。同樣花錢促銷，不如花在原本就賣得好的產品上，更能大幅提高營業額。同樣的道理也可以運用在事業上。

投入同樣的資金與人力在虧損事業與盈餘事業上，盈餘事業對利益的成長貢獻更大。所以對公司來說，與其把資源投入在重整虧損事業上，不如用來擴大盈餘事業。

那麼，投入盈餘事業的資源，要從哪裡搬過來呢？

雇用新人或借款都可以，但最快的做法就是縮小虧損事業規模，把那裡的人和錢挪過來用即可。最重要的是人。

減少虧損事業的人力後，人事費就會下降，收支平衡點就會下降。如果可以減少人力直到收支平衡，就能消除該事業的虧損狀態。**不僅盈餘事業可以增加人手，還可以把虧損減至零，真是一舉兩得**。

如果因為顧慮到客戶，而不願縮小事業的話，也可以把工作外包。

位於栃（按：音同立）木縣的醫療法人恭友會長谷川整形外科診所，其院長（理事長）長谷川恭弘擔任前日本女子排球隊的大林素子選手、吉原知子選手活躍時期的醫生。他們不只提供院內服務，還提供派公司人員去患者家的到府服務。員工在移動中也要耗費高昂的成本，這項服務可以說是提供越多，賠越多。

就經營的角度而言，這項服務應該廢除。但他們又不願棄有需要的患者不顧。於是，長谷川院長決定不再派遣自家員工，而是與自雇（按：工作的雇主就是自己。此類勞務提供者承擔商業風險，不受勞動法律所保障，不能享受員工福利，且要申報營業牌照。公司、商店的老闆也屬於自雇者的一種）的按摩師簽約，改派後者去服務。他們可以**向自雇者抽成，派遣越多，盈餘越多**。過去提供到府服務的員工，也可以調去其他的盈餘事業。

武藏野也採用外包策略。在我們的樂清事業中，即使有盈餘，比較偏遠的地區還是要付手續費委託本部配送產品。原本負責這個地區的員工約有二十人，我把他們全部調到經營支援事業部門。

我們的經營支援事業部門成長非常快速，即使補了二十人都還嫌不夠。與其讓這些員工到偏遠地區奔波，不如把他們調去成長快速的部門，對公司的貢獻度遠遠大於前者。

我們這個做法還帶來意外的好處，那就是員工的**加班量大幅減少**。因為他們不必再往偏遠地區跑，所以原本最晚到晚上十點才下班，變成七點以前所有人都離開公司。有些人更早，五點半就離開公司了，結果我們公司有兩個部門都不用加班。

收掉虧損事業的祕訣：慢慢的、一點一點的

有些人覺得，重新使虧損事業站起來是很困難的事，乾脆放棄這個事業好了。這個決策是正確的，但若做法錯誤，只會使虧損不斷擴大，要多加注意。

若經營者為了讓虧損事業轉虧為盈，而**試過各種方法，但虧損仍長達五年以上**，代表可以放棄這個事業了，它絕對不會賺錢。因為過了五年，市場環境已經經過激烈的變化。如果這樣還沒辦法產生盈餘，那麼不是市場已經沒有這個需求，就是它已經落伍了。這時收掉生意才是正確的做法。

但是即使收掉事業，員工還在，還是得付人事費，反而會使虧損擴大。這下子反而讓人搞不懂，當初到底是為了什麼而收掉事業（見下頁圖表8）。

這時候，應該把剩下的人調到有盈餘的部門裡。但是，除非你的其他事業還有擴

增的餘地，否則也吸收不了這群人。把人員投入沒有擴增餘地的事業，只會增加固定支出、減少盈餘而已。

假使你沒有其他可以吸收人力的事業，**就讓這些人自然的、慢慢的離職**。

武藏野過去曾經擁有創意事業部門。總共投資了兩億八千萬元，但營業額總計只有三千萬元，每個月都出現四百萬元的虧損。於是我做出決斷，收掉這個事業。

但是這個事業雇用了一百五十名兼職員工，他們的去向是一大問題。

這些兼職員工是由創意事業部決定雇用，即使調到其他的部門也無法立即成為戰力，而且員工們也不希望調職。雖說如此，解雇大批兼職員工需要耗費很大的心

圖表8　收掉事業，虧損持續擴大

現在

營業額	100
進貨	50
毛利	50
人事費	50
開銷	10
利益	▼10

收掉後

營業額	0
進貨	0
毛利	0
人事費	50
開銷	10
利益	▼60

虧損增加 ▼50

力。而且解雇會得罪人，並影響到公司的評價。苦惱已久後，最後我們決定**整併分店**。

當時創意事業部是沿著ＪＲ中央線沿線分布，由東到西有吉祥寺、三鷹、武藏境三間分店。這三間店的員工人數有多有少，平均一間店有五十名員工，總計一百五十人。首先，我們在離吉祥寺分店與武藏境分店比較遠的地方，開了一間新的武藏境分店，匯集這兩間分店的員工。五十人加五十人，新的武藏境分店就有一百人。

一般來說，兼職員工對地區有一定的黏著度。在吉祥寺分店工作的五十人之中，有一半的員工認為「武藏境太遠了」而主動辭職。沒多久，我們又整併了三鷹分店與武藏境分店。同樣的，開始有人覺得通勤很痛苦，而提出辭呈另謀他職，慢慢的，新的武藏境分店只剩下五十人。

最後，我們把武藏境分店關掉，把這些人調到東小金井總公司的事業部門。就這樣，整併前減少到五十人左右的兼職員工，最後只剩下十幾個人。人既然已經減少到這個地步了，我就把他們調到其他的事業部門。

從決定收掉事業，歷經分店的整併，最後關掉整個事業為止，大約歷時半年。但花這個時間太值得了，一百五十人之中的絕大多數都是主動提出辭呈。結束事業的人事費問題，就這樣順利解決了。

裁撤虧損部門是正確的決策。但是匆忙裁撤會讓傷口擴大。為了使傷害降至最低，有計畫的關閉事業是最重要的。

虧損未必是壞事——使人成長、讓交棒變容易

如果放任損益表的虧損數字不管，現金就會減少，資產負債表也會惡化。但是，我有一次**故意放任虧損不管。因為虧損也有虧損的好處**。

二〇一七年，武藏野連續發生許多愚蠢、不該犯下的失誤。由於情況太過嚴重，我對員工宣告：「雖然本期增收增益，但下次的獎金將會『減少』！」

員工們會連續出錯，是因為事業太過一帆風順，他們開始產生錯誤的見解。

在二〇一七年度的春鬥（按：在日本每年春季〔約2月〕舉行，是勞工主要為了提高薪資與改善工作條件，而發動的勞工運動），豐田汽車提高了一千三百元的工資，武藏野則提高了三千元。大學畢業新鮮人的基本薪水也有二十萬元。減少加班的機制也進行得很順利，上一年度我決定給出**史上最高的獎金**。結果，員工的工作態度開始變得隨便，**失去警戒心**，才會連續犯下不該犯的錯誤。

這時虧損事業就能發揮作用，**虧損事業可以使人成長**，太小看工作的員工，應該讓他重新回想起事業處於虧損時的警戒感。人總是在慘敗之後，才會綳緊神經。

為了讓員工保持危機感，**武藏野經常會保留一門虧損事業**。這是**必要的虧損**。如前述，正因為我們公司平時都能穩紮穩打的產出利潤，才能負擔得起一些必要的虧損。

虧損還有一個功效：自家企業股價的評估金額會因此下降，事業繼承就變得容易得多了。

公司為股東所有，即使老闆從經營者退位，讓自己的小孩當老闆，股東還是父親，公司也是父親的東西。必須等父親把股份讓渡給孩子，這時他才名副其實成為公司的老闆。如果在事業如日中天時讓渡股票，因為股票的評估價格很高，必須付出很高的稅金，有時甚至還要向銀行借貸。借貸應該是用來保護公司、讓公司成長，為了付稅金而借貸實在太浪費了。

既然如此，我們應趁事業虧損、評估價格下降時轉讓股票。虧損是「事業繼承」千載難逢的機會。

武藏野在第四十五年時成立控股公司（按：又稱母公司，為擁有其他公司多數控制股權、掌握其管理及營運的公司），我把所持股份的二分之一讓渡給我的女兒。

股價的評估價格為一元，我女兒拿一半也就是十萬股，也就是說我只花十萬元就讓她成為控股公司的頭號股東。

我們計畫性的調降股票的評估價格。三期前，我們有很多的盈餘，因此向銀行借了很多錢，之後**我花了兩年半的時間，刻意讓業績變成虧損。有戰略性的讓我們的股票評估價格變成一元，改變我們的損益表、資產負債表**。

由於我們事前從銀行籌措資金，所以資金周轉沒有問題。日本國稅局是以「持續性原則」做判斷，債務連續超過三期的話，就無法節稅。就這樣，我們成功踏出事業繼承的第一步。

之後，法律改變，我得知**黃金股**（按：跟與優先股、普通股一樣，股東可以持有，對於特定事項具否決權）的存在。於是，我把剩下的股份轉讓給控股公司，因為業績很好，所以要花五億元向我買。其實我自己還留一個黃金股，**在股東會議的決議中擁有否決權**。有了這個黃金股，**女兒就無法炒父親魷魚**。所以，即使父女吵架也沒關係。

我能在如此短時間內完成事業繼承，是因為我委託了 Hoken service system 公司（東京都、保險媒介代理業）的橋本卓也社長，他們公司開發出可以立刻評估股票價格的程式。

事業繼承有幾十種手法。使用這個程式，讓我了解到最適合自己的途徑，讓我可以正確、快速的做出決策。

公司虧損時，切忌開發新事業

另一方面，**公司在虧損的時候絕對不可以**開發新事業。

收掉虧損事業或縮小規模，並把人力與資金投入到盈餘事業，這是經營的基本常識。但假設所有的事業都虧損、沒有盈餘事業可供你投入資金與人力的話，該怎麼辦？無能的經營者會在這時開發新的事業，來容納這些資金和人力，但這個做法很容易讓公司陷入危機。

中小企業的新開發事業幾乎是由經營者直接指揮，或是投入精英幹部幫忙。但是虧損的本業一旦失去經營者的注意、或是精英幹部的協助，虧損通常會持續擴大。

另一方面，新開發事業要單月出現盈餘，最快也要好幾個月。所以，開發新事業會持續擴大企業整體的虧損，朝倒閉一步步惡化。**想要開發新事業，只限於公司有盈餘的**

時候才能做。而且必須整頓出一套體制，讓經營者或精英幹部即使有一個月不在，業績也不會下降。

武藏野在開始創立經營支援事業時也是一樣，樂清事業在那段時間剛好如日中天。我把K常務（現已離職）、佐藤義昭、中嶋博記等優秀的幹部員工，從樂清事業調走，投入經營支援事業。因為樂清事業已經建立好可以穩定產生利潤的系統，所以即使調走這些精英，經營絲毫不受影響。

正因為有樂清事業在，我才能毫無顧慮的投資經營支援事業（管理顧問）。當你有一根可以牢牢依靠的柱子後，就可以邁向新的投資。

或許有人會提問：**本業先由精英員工撐著，新開發事業則請獵人頭公司從外面找人來負責，結果會如何呢**？

這麼做絕對不會成功。

外部進來的人做成功後，原本的精英級員工將無立足之地。於是這些精英員工便不會支援新開發事業，有時甚至在經營者看不到的地方扯對方後腿。

那麼，反過來讓精英級幹部投入新開發事業呢？

本業的部長被調走後，課長就會升任新部長，一般員工就會升任課長。新的部長或課長最害怕的就是，新開發事業失敗後，自己原先的主管又回到本業來。因為原本比自己優秀的幹部若中途回來的話，自己很可能又會被降級為課長、一般員工。

為了保護自己現在位置，**本業的員工一定會拚命的支援新開發事業**。只要發現本業的客戶中，有可能是新開發事業的潛在客戶，就會主動介紹。在公司內部大家同心協力的互助之下，新開發事業經營上軌道的機率自然也會提高。

如果本業原本就處於虧損，便無法造就出精英員工，當然也沒辦法按照這樣的流程走。

鑑於以上原因，新開發事業只限於公司有盈餘的時候才能做。

什麼情況下，得開發新事業？

即使本業有盈餘，也不一定要開發新事業，因此你必須學會如何看出自家公司有沒有必要開發新事業。

「人口減少，市場規模縮小。如果不趁現在開創新事業的話，後果可能不堪設想。」有些經營者會抱著這樣的想法成立新事業，真的是如此嗎？

其實沒有必要因人口減少導致市場縮小，而感到恐慌。因為下降的不只是有營業額而已。

如果成本和基本開銷都沒有下降，只有營業額下降的話，利益確實會減少。但在人口減少的時代，員工的人數也會減少，意味著人事費總額也會跟著下降。**當市場縮小，競爭對手也會減少**。人口一減少，所有的規模都會跟著縮減，不用為此感到驚慌。

如果沒有察覺這一點，而直接開創新事業，會出現怎樣的情況呢？

剛成立新事業時，沒有經驗、技術，其實總的來說更為不利。明明只要守住有經驗、知識和技術的本業應戰即可，卻在這時候刻意走向充滿荊棘的道路，失敗的機率當然高。

最需要開發新事業的時機，不是在本業的市場因人口減少而縮小之時，而是因為科技進步等理由，市場規模縮小的時候。

舉例來說，傳統多功能手機的使用者減少的速度，絕對比人口減少的速度還快。這時若不趕快發現新的市場（老人機、小孩機、軍人機、第三世界），公司的確會陷入危機。應該趁本業還有賺錢的時候，開發新事業並盡快讓它上軌道。

提高「客單價」無法提升營業額，「來客數」才可以

增加營業額的方法有兩個，**一個是增加來客數，一個是提高客單價**。那麼，經營者該選擇哪一個呢？

我的話會以增加來客數為優先。理由很簡單。比起提高客單價，增加來客數比較簡單。比如說，一千元的商業午餐，有可能因為增加料理時間而變得好吃，於是賣到兩千元嗎？賣不了吧。上班族的零用錢是固定的。除非家裡的太太願意多給他兩倍的零用錢，否則一個上班族不會去吃兩千元的定食。

假使你無論如何都希望客人買單，那你得做出好吃到能讓他隔天餓一餐只喝白開水也甘願的美味定食，想也知道這是不可能的事。

相較之下，很多上班族午餐預算只有一千元，我們應該把目標放在提高來客數。如果一千元的餐點做得比別人好吃，大家就願意在你們的店門口排隊。與其讓上班族餓一餐不吃，這個方法簡單多了。

這本書也是如此。一千五百元的書賣三千元絕對會滯銷。雖說我的書帶給讀者的利益遠大於三千元，但市場有市場的行情，如果賣三千元，就沒有人願意買回去看。比起

這麼做，不如把內容修改得更好，讓它可以從兩萬本的銷售量變成四萬本，這樣還比較實際一點。

但是，沒有自己賣過東西的經營者，往往會從紙上談兵的角度思考：「增加來客數或提高客單價，不是都一樣嗎？」最後，在沒有提高附加價值的情況下，勉強提高單價，造成客人流失。假如提高客單價，仍無法彌補來客數減少的損失，營業額就不會提高，簡直本末倒置。

來客數增加，營業額增加就是「**成長**」；勉強提高客單價來提升營業額，就稱作「膨脹」。膨脹只要稍有破綻就會破裂，所以靠提高客單價來提升營業額，是非常危險的。**想要提高客單價，應該等開發新客戶，增加來客數，以及等既有客人成為常客之後再做**。

只要推薦常來的客人加點一道甜點，變成一千兩百元的消費即可。即使客人拒絕，也還是能確保一千元的營業額。但是，一開始就採取提高客單價，客人根本不會想走進店裡。想要增加營業額，千萬不可以搞錯這個順序。

業務訪問次數多、逗留時間長，營業額必提升

高橋醬料公司（琦玉縣、生產醬料）的高橋亮人社長，前往使用競爭商品的公司推銷自家商品。他一共拜訪了三次，但都沒有好結果。

「大概是我推銷的技巧不好吧。怎麼辦才好？」

我馬上回答他：

「你認為拜訪三次就可以把競爭對手的客戶搶走嗎？一般來說搶不走的，最少也要十次，一般要三十次。那麼，高橋社長你拜訪了幾次呢？」

業績不振的人，常常會把失敗的原因歸咎於自己的說話技巧、商品的品質、價格等。的確，這些部分也可能同時有問題。但就我聽過的案例而言，最多人犯下的錯誤就是次數不足。**只要量不足，不管說話技巧再怎麼好都沒有用**。在解決技巧問題之前，應先解決量。

業務拜訪，**量重於質**——這件事有數據背書。

在業務履歷中，武藏野使用自家公司的軟體「Mypage Plus」替每位客戶建檔，並記錄公司所有的業務活動（何時、誰，拜訪幾分鐘）。用這個軟體把客戶照**訪問次數**順

序排列，與照銷售額順序排列，兩者的順序幾乎重疊。

以逗留時間順序排列也可以看到同樣的傾向。換句話說，**業務員的訪問次數多，總計逗留時間長的客戶，通常銷售額也比較高**。這是很簡單的法則。

知道量很重要之後，就知道經營者應該看什麼數字。

前面提過的 Igarashi 公司的五十嵐啟二社長，也是使用「Mypage Plus」管理公司每位業務員的拜訪次數。結果顯示，平均每個人一天約拜訪六到八家。拜訪家數比這個數字少的業務員，業績就是比較差。

更特別的是，他們還**記錄移動時間**。五十嵐社長說：「每個業務都有負責區域，在一定的範圍內密集的拜訪客人。但**有些業務看到客人的反應立刻就放棄，逃到其他區域去。這麼一來他的移動時間會變得更長**，我一看就知道有沒有人在偷懶。**大致上來說，洽談時間與移動時間的比例是四比六**。如果是二比八這種移動時間較長的員工，成績通常不會太好。」

另一方面，ALLAGI 公司（大阪府、營建商）的谷上元朗社長的做法，是**仔細分解業務過程再加以管理**。

建商業務的工作流程是，會打電話給索取資料的潛在客戶，請他們來展示場參觀，並預約下次參觀。谷上社長會記錄每一位業務員打電話的件數。件數不夠的話，他再介入指導。

接下來的做法就有趣了。

他們會把用電話連繫的潛在客戶中，有幾個人到場、到場的人之中有幾個人留下姓名、留下姓名的人之中有幾個人接受引導入座、接受引導入座的人之中有幾個人願意就座聽說明，願意就座聽說明的人之中有幾個人可以談話超過一個小時等，依照每個業務過程，記錄件數並做成圖表視覺化。接著設定順利進行到下一個步驟的移轉率目標，並加以管理。

比如就座聽說明的潛在客戶中，有六九．二%的人願意談話超過一個小時，其中又有三八．五%的人願意預約下次參觀（見下頁圖表9）。

谷上社長說：「假使有業務員在下次預約的移轉率上低於平均值，就可以針對這些移轉率低的員工加強角色扮演的訓練，磨練他們的技巧。」

提升員工推動業務的品質，流程進展的移轉率就會提高。但不管怎麼提高移轉率，若一開始的電話件數太少也成不了事。總之，**先有量才有質**。谷上社長了解這個道理，所以才會要求底下的人，記錄包括打幾通電話等所有的業務活動，並每天寫郵件回報，管理各階段的成果量。

不花時間和金錢便能增加拜訪量

業務看的是「量」。但沒有察覺這件事的人會不敢增加量。因為他們認為追求量，工作時間會更長、更辛苦。的確，單純增加量的話，會增加負擔。但這時候更要動動頭腦，一定有可節省精力的做法。

以前我追求妻子時，也是重視量。我每天寄一張明信片作為情書，並連續寄三十天。我老婆

圖表9　業務活動數值表

業務活動數值表（每月）
2017 年～

業務名	活動內容		1月	2月	3月	4月	移轉率
谷上富彥	初次接待	到場	0	5	12	5	
		記名	0	5	12	5	
		引導入座	0	4	7	2	100.0%
		就座	0	3	6	1	76.9%
		一個小時以上	0	3	5	1	69.2%
		預約下次	0	2	3	0	38.5%
	隨時	付訂	0	1	1	1	23.1%
		退訂	0	0	0	0	0.0%
		簽約	0	0	0	0	0.0%

以為我每天都坐在書桌上寫明信片給她，為了她花了那麼多時間，充滿熱忱。事實並非如此。我是一次把三十天份寫完，然後每天寄一封。一次寫完比較不耗費勞力。最後證明，我的作戰成功。

做業務也是一樣。一定有很多**可以節省時間與金錢，又能提升量的方法等著你去發現**。

有一帖特效藥可以增加來客數，那就是老闆自己跑業務。

牧野祭典公司（東京都，殯葬業）的牧野昌克社長曾經也是不親自跑業務，老是窩在公司裡的「穴居」（按：只窩在某地，不出門）老闆。但是，有一次社長親自跑業務並督促大家，結果公司的訂單數量突然就達到**史上最高**。

經營者親自跑業務的效果會這麼好，是因為掛著老闆的頭銜去拜訪客戶，對方比較不好意思讓你吃閉門羹，也比較容易與有裁決權的高層人士見面。

三洋公司（山形縣，農業資材）的石田伸社長年輕的時候也跑過業務，但自從當上社長就不再往外跑，全都交給員工。直到某次他為了開發新客戶，親自飛到九州，同行的還有我們公司的久保田將敬部長陪同指導。

石田社長一開始跑業務時，開頭總是這麼打招呼：「午安，我們是三洋公司。」但這樣的方式無法發揮社長親自跑業務的優勢。久保田糾正他的錯誤：「難得社長都親自出門了，應該一開始就清楚表明自己是社長。」

石田社長邊回想當時的情況，邊說：「一開始我有點不好意思表明自己是社長，有些抗拒。但最後鼓起勇氣豁出去的說：『我是從山形來的三洋公司的社長，敝姓石田。』結果**輕而易舉的就突破櫃臺這一關**。一開始我覺得跑到九州真的很麻煩，沒想到現在生意越來越好，**我覺得有趣的不得了**。」

前述的三井開發的三井隆司社長，他個人在二〇一七年的一月到九月這段期間，拜訪客戶的次數就高達**四千一百八十九次**。公司的營業額也是蒸蒸日上。

若以公司別來看全公司員工的拜訪次數，第一名是Ｄ公司被拜訪了一百零五次，第二名則是被拜訪了九十五次的Ｔ公司。

三井社長每週一次讓業務員當跟班，親自前往新客戶的公司，做「水質分析服務」，順便拜訪舊客戶，在市區內拜訪了十家公司。

這些與社長同行的員工絕對不敢偷懶，而且連到一些平常不見業務員的公司，即使社長提出些許無理的要求：「可以見你們廠長嗎？」結果，廠長還真的就出來了。由此可見社長的名片威力有多麼強大。

經營者自己跑業務還有一項好處，是能切身理解到，如果不開拓新的市場，公司就不會繼續成長。

阪神佐藤興業公司（兵庫縣，大規模翻修、塗裝）的佐藤佑一郎社長擁有MG（Management Game）指導員的資格。MG是讓人體驗經營公司的模擬遊戲，武藏野的員工訓練也有採用。但是佐藤社長對於MG太過入迷，變得無法區分現實與模擬的狀況。在MG中，一開始就為玩家設定了一定會有人買的市場。但現實世界不一樣。市場的客人必須靠自己創造。

市場處於成長期時，不了解這個道理也沒有關係。但當市場開始縮小，那就束手無策了。

「大樓公寓的大規模翻修現在仍處於成長階段。但正因為市場不斷成長，越來越多新的公司投入，競爭越來越激烈。案件不但快速減少，還被發包的承包商趁機殺價，原本十三億元的營業額減少到剩七億。

「小山先生曾跟我說『一直沉迷在MG中，會誤以為市場一直都是長這個樣子喔』，現在我終於懂這個道理了。」佐藤社長如是說。

察覺狀況不對勁的佐藤社長，親自掌管業務重新出發。他選了八十間公司作為新開發的目標客戶，並一一拜訪。

「請承包商轉包的話，公司沒有未來可言。為了直接接下大規模翻修的案件，我們試著聯繫至今從未接觸過的照護設施。幸好，我們拿到了照護設施的案件，對方還介紹幾件不動產的案子。我自從親自跑業務，才能切身感受到拓展市場的重要性。」

阪神佐藤興業在二〇一五年度營業虧損九千萬元。但是，自從社長出去跑業務之後，**二〇一七年的營業利益變成五百萬元盈餘，成功達到V型復甦**。社長當業務，可以讓公司的業績更猛。

用數字區分客戶，但不能歧視客戶

在每月月初的時候，公司會傳送每位會員支付武藏野學費的排行表給我。排列的順序是依照學費的多寡，藉此來區分客戶。

我們依照學費的多寡用**五種顏色**區分客戶。從上到下為黑、藍、綠、黃、紅。學費一千萬以上的為黑色。**剩下的顏色和信號燈的排列一樣**。新入會、但很可能不會再來的經營者，就以表示危險的紅色標示。

根據排名不同，我們提供的待遇也有差別。首先，申請講座課程的順序不同。其次，可以上的課程也不同。可以參加幫我提公事包的「一天學費三十六萬元當跟班」課程的人，更是有限。

這堂課在二〇一七年十一月時，已經有**七十人預約**，**要排一年三個月才排得到**，非常熱門。第一次當我的跟班，只有**一年學費付超過七百五十萬元以上**的會員才行，第二次（含以上）當跟班，則**一年學費要付超過一千萬元以上**才行。還有付了一年九百五十萬元學費的社長，為了再當我的跟班一次，刻意再追加課程。除此之外，我們還有開設「頂級跟班」的課程，一天五十萬元。參加條件是入會以後，學費累計一億元以上，有這個資格的公司只有二十三間。根據繳學費的多寡，我們做出很大的區分。

有一部分的人會因為學費的不同，得到不一樣的待遇，而認為受到「歧視」。這是錯誤的觀念。

樂清事業的清潔服務，平均的客單價是兩千五百元。經營支援事業的客單價則是五百萬元。如果讓經營支援的企業會員受到跟樂清事業的客人同樣的待遇，我相信這些經營者也會感到不滿。學費不同，待遇不同，這是理所當然的事。

不透過數字等客觀的指標，就給予不同的待遇，那才叫歧視。

有些人認為只有一流大學畢業的人，才可能在日本官僚界中闖出一片天，國、高中畢業的人，連參加日本國家公務員採用綜合試驗的資格都沒有。這個例子就是我說的歧視。

武藏野沒有這種歧視。曾經是武藏野重要幹部的N，高中的時候選擇「自主畢業」，但他是我們公司的超級精英。雖然他沒有考公務員的資格，但作為事業負責人，他拿出很好的成果，出人頭地，這一切與他的學歷無關。

每個人所負責的事業的業績，可以用客觀的數字計算出來。因此，劃分不同的地位與薪水，不是歧視，是區分。用學費來區分客戶也是一樣。如果是隨便依照我的心情給客人不同待遇的話，是歧視；用學費來區分待遇，是區別。

從營業額找出重點目標客戶

依照學費來區別客戶，是因為**透過區別既有客戶，可以研擬出戰略性的業務活動**。業務的資源很有限，不太可能把所有資源平均分配給所有客戶。為了提升營業額，必須決定拜訪的優先順序。

那麼，哪些客戶應該作為重點訪問目標呢？

答案是**營業額較高的客戶**。假如你手上有賣得很好的產品和賣得不好的產品，應該把資源集中在賣得好的產品上，才能提升全體的營業額。面對客戶也是一樣。假如有些客人常跟自己購買，有些則不，我們應該盡量接觸常來買東西的客戶，這樣才可以提升營業額。

但若沒有事先整理好客戶資料，就不知道要從誰先接觸起。

這時候你就需要「**客戶資訊的環境整備**」，按照客戶的營業額貢獻度多寡排列，讓你一目瞭然找到應該訪問的客戶。

決定優先順序的時候，除了營業額貢獻度，還要考慮**擴大銷路**的可能性。

假設營業額貢獻度一千萬元的客戶，一年的教育研習費預算就是一千萬元的話，要他們再追加課程的機率很低。反過來說，即使營業額貢獻度只有三百萬的客戶，也有可能成為一年撥出兩千萬教育經費的好客人。

只是，擴大銷路並不如營業額那麼好估算。所以，在**業務履歷中，一定要留下附註式的「定性資料」**。

武藏野在訪問結束後，**會用「Mypage Plus」記錄客人的談話**。員工必須盡可能

不用自己的話語記錄，而用引號把客人說過的話一字不漏的記錄下來。對話中假使出現「我們也有在其他地方上課」這樣的話語，就可以推算出他們的教育預算。

部長或課長除了採納營業額貢獻度等資料，還要加上這樣的定性資料，再決定出哪些客戶應該做重點訪問。這樣就可以使業務活動產生顯著的效果。

提高客單價，但客人不反感的妙招

營業額是由「**來客數×客單價**」決定。透過開發新客戶增加來客數之後，接下來就要同時進行提高客單價的戰略。

目標是「增量利益」。意思是不增加人事費等內部的費用，而增加營業額。比較容易理解的例子，就是擺在速食店收銀櫃旁的玩具。客人來餐廳是為了吃飯而不是買玩具，但有些父母會拗不過小孩苦苦哀求而買那些玩具。這麼一來，親子四人的帳單就從四千元提高為四千五百元，成功的提高客單價。

這種情況下，餐廳增加的支出就只有玩具的進貨成本。不用為了進這些貨而雇用新的人。像這樣，**在不增加內部支出的狀況下提升營業額，就稱作「增量利益」**。以增量利益此為目標，是因為它對營業利益的貢獻度很大。

請看下頁圖表10。增量利益可以提升利益率低的營業額。增量後增加的費用只有宣傳費，人事費用不變，所以毛利增加的部分可以直接反映在營業利益上。以這個例子來說，**光是增量利益提升，營業利益就多了三倍**，當然要以它為目標。

產生增量利益的方法有很多，舉例來說，我前幾天去了某間迴轉壽司店。在那間店，只要投入五個吃過的盤子就可以玩一次抽獎遊戲。所以吃到第四盤時，會為了抽獎而心裡想：「再來一盤吧！」這間店的做法就是從增量利益的角度思考。

在餐飲店常看到的品酒套餐也是一樣。一些平時不會單點的酒，也會因為「可以喝少量比較看看」的心態而不自覺點下去，這是非常了解酒鬼心理的策略。

增量利益除了追加販售產品之外，還有其他的方法可以增量。

我們在福島縣的新白河開課的時候，總是選在車站附近的蕎麥麵店「茅之器」吃午餐。經營這間店的，是我們的會員園部公司社長園部幸平。我們人多時，大概會有一百位在十一點半的時候進店裡用餐。吃完飯走出店大約十二點多。

離開店時，我看到外面已經在排隊了。在人潮眾多的午餐時間，我看到有不少人一看到排隊的長龍掉頭就走，選擇去其他間店用餐。於是，下次我們在店裡用餐時，我就幫大家選進貨價格高、利益率低、但提供速度較快的親子丼與鰻魚飯。

這次，我們十二點整就吃完離開，所以他們的換桌率就提高了。吸引那些原本看到排隊就離開的客人回來，這也是增量利益。園部社長大概沒發現這件事，自從我們提早十分鐘離開，餐廳的營業額就增加了。

對那些猶豫要不要增加人力的經營者來說，這種不必增加人事費就能提升營業額的增量利益，應該很容易接受。請各位務必嘗試，發揮自己的巧思。

圖表10　「增量利益」的結構

業務活動數值表（每月）
2017 年～

	營業額	增量利益	總計
營業額	100	50	150
進貨成本	50	30	80
毛利	50	20	70
人事費	30	0	30
基本開銷	10	2	12
營業利益	10	18	28

約提高 3 倍

提高售價前，你得先賣故事

客單價不一定要靠追加銷售才能提高，也可以直接漲價。只是，一般來說，漲價就會減少來客數。若減少得太過激烈，反而會使營業額下降。

想要漲價，應該在客人可以接受的範圍內提高附加價值。若能在不使來客數減少的情況下漲價，漲價的部分就會變成增量利益，對利益產生很大的貢獻。

要讓客人接受漲價，最好的方法就是**加入浪漫故事**。

一條平凡無奇的白手帕可能賣一千元。但如果這條手帕被世界級的明星拿去擦汗，或許可以賣到二十倍，也就是兩萬元。

紅酒賣得比啤酒還貴，是因為它附加的浪漫故事──「這是使用某某莊園的葡萄」；鯖魚、竹筴魚、墨魚也是一樣。在同一個海域捕撈的鯖魚、竹筴魚，如果不在四國，而是在大分縣的佐賀關卸貨，就變成「關鯖魚」、「關竹莢魚」，使得全國的訂單蜂擁而至。九州北岸的玄界水灘捕獲的墨魚，如果是在佐賀縣唐津市呼子町卸貨的話，就被稱作「呼子墨魚」，可以賣得好價錢。像這種品牌也算是浪漫故事的一種（按：因水產的品質講究水質、產地、釣魚技巧等，所以不同地區捕獲的水產，都有不同評價）。

專門運送鋼琴的池田鋼琴運送公司，其實他們公司業績最高的業務，不是運送鋼琴（占營業額一五%），而是**運送精密機械**。

因為他們成功營造一種感覺給精密機械的廠商：連那麼重、容易損壞的鋼琴都能正確、安全的運送，當然也能安全的運送精密機械。

「他們對待貨物很細心，速度快，員工又有禮貌。」許多客戶都給予他們很棒的回響。我每次都開玩笑的對他們說「送鋼琴只是幌子」。浪漫與成本無關。即使成本一樣，只要附上能打動客戶的故事，對方就願意主動支付高價購買。

K's Group 公司（千葉縣、整骨院）的小林博文社長，把過去五百元的矯正費用，漲價成三千七百八十元。雖說他在員工教育方面投入許多資源，員工的技術也變得越來越強，但按揉的手法怎麼樣也不可能提高到七倍的價值。

為什麼他們可以漲價？

因為他們打出的宣傳不是整體師的「按摩」，而是柔道整復師（按：為日本以柔道整復術為職業、並已經取得國家認定資格證書的人。日本厚生勞動省把柔道整復師定義為整骨、接骨醫師，醫生和柔道整復師以外的人，不可以柔道整復術來治療病患。以下簡稱柔道整復師為柔整師）的「治療」。整體師因為是民間資格，每個人都可以當，所以到處都可看到自稱整體師的人。而柔整師屬於國家資格，在整骨院中某些柔整師的施術還可以透過保險支付費用。打出治療的名號，顧客就願意付高價。而且這個治療不用像按摩動不動就要三十分鐘以上，短時間就可以完成施術，增加周轉率，真的是一石二鳥之計。

小林社長非常了解浪漫故事的好用之處。相反的，也有完全不懂得利用這個方法的社長。

二〇一七年夏天，我和太太去名列世界遺產的知床（按：即位於北海道東北部的知床半島，其自然資源豐富，在極少被開發的環境中，保留許多原生動植物的棲息地，冬天更會有北方的流冰造訪，形成極其特殊的自然景觀）旅遊。住宿地點我們選在同是會員的知床村公司（北海道、旅館業）。這是一間好旅館，但社長桂田精一本來是曾在著名百貨公司開過個展的知名陶藝家，只是被臨危受命來經營旅館，桂田社長對於經營一竅不通。

不過正因為他什麼都不懂，所以每當我給他建議，他一律「好」、「Yes」、「欣然接受」的照單全收，並立刻付諸實行。當有人要賣知床觀光船的時候，我指導他：

「不要還價！照喊價買下。」有位於世界遺產的旅館出售時，我指示桂田社長：「買下來。把外牆改成與自然景色融為一體的感覺。」結果，原本虧損的公司一下子就變成盈餘了。

只可惜，社長不懂得浪漫故事的效果，很多地方都做了無謂的浪費。

當時他們的旅館的名字也取得很無趣，叫「國民宿舍桂田」，客人根本感覺不到浪漫故事。我建議他應改名叫「晚霞之宿」，這樣比較符合知床的氛圍。知床的冬天很寒冷，來客數會減少許多，我建議既然如此，那就乾脆順水推舟，用寒冷作為特點，在外面搭帳篷，推出可以體驗零下二十度世界的特別專案來販售。調高杯酒（Highball）時，也可以使用冰柱（不過衛生所不允許店家販售自然的冰柱，因此可用人工冰柱取代）取代普通冰塊，還可以賣兩倍的價錢。那一次我明明是去觀光的，結果最後還是做了經營指導。

「升級五次、降級四次」——名片上也能賣故事

在實行上，若直接提高產品的附加價值有困難的話，可以試著在**販售的方法上或販**

售的人身上加入故事。

經營支援事業的「社員塾」一個人學費三十萬元，實在是不便宜。可是為什麼還賣得這麼好，因為我對要來上課的人說：「各位，回公司後記得要跟社長說：『謝謝您讓我去參加研習。』因為，光這句話就可以讓社長笑得合不攏嘴！」

這個課程原本就有超過三十萬以上的價值，還能順便得到員工的感謝，經營者當然很樂意把員工送來上課。

經營支援事業部門的八木澤學課長曾有過升級五次，降級四次的經驗。因為是很罕見的職歷，所以他在名片的頭銜下面，打上「**升級五次、降級四次**」。拿到他名片的人，十個人有八、九個會對八木澤感興趣的問：「為什麼降級四次，是搞砸了什麼事嗎？」這就是在業務員身上加上了浪漫故事。

可以打動客戶的心的浪漫故事到處都是，只要好好加以活用，就能提高產品售價，防止來客數減少。

如果找不到適合用來漲價的浪漫故事，也可以**透過一些小技巧降低漲價的衝擊**。

原本一盒十個要價一千元的產品，可以改包裝變成一盒九個。平均一個產品變成一百一十一元，明明漲價了一一％，但因為一盒的價格不變，所以客人感覺不出來。

或者也可以逆向操作，在包裝上寫上大大的「增量一個」，然後把定價改成一千兩百元。這樣一個相當於一百零九元（漲價九％），但客人會想「畢竟多了一個嘛，沒辦法」很容易就買單。

公司的人氣課程「頂級箱根集訓」，四天三夜費用一百五十萬元。由於內容豐富，會員小田島組公司（岩手縣、營建業）的小田島直樹社長在問卷調查中寫道：「四天三夜內容分量太多，消化不了，三天兩夜比較剛好。」於是我們公司的新人佐藤有紗跟我反映這件事。

武藏野一向重視客人意見。所以我們把集訓的時間縮短一天，改成三天兩夜。一般來說價錢方面，會因縮點一天行程，而調降金額。但我還是維持**一百五十萬元**不變。即使如此，這個課程依舊人氣不減，每次都有不少人排候補。**為什麼我們實質上已經漲價，來客數卻不會減少呢**？

首先，我們把名額從十五人改成十二人。每個人的個別指導時間變多了。因此，客人的滿足度也提高，沒有人抱怨漲價。再加上天數減少，我們可以開辦的場次變多，營業額也提升了。

「實踐經營塾」的內容很豐富，許多經營者都參加超過十次以上。為了回饋回頭客，我們把參加費用一百八十萬元，調降成第二次參加只要一百六十二萬元，第三次以後只要半價九十萬元。因為降價，所以老闆們都覺得很划算。

其實，我們這麼做是漲價。因為到了第三次以後，經營者就不必上所有課程，可以只選擇尚未理解的課程聽講。如果經營者熱衷學習、聽講次數超過十次以上，一旦發現自己有不懂的地方，大概只會選擇其中四分之一的課程聽講。要價一半但只上四分之一的課程，等於每堂課的單價提高了。

但是，客人沒有感受到漲價的衝擊，有些人還覺得賺到了。像這樣漲價的同時，改變其他要素，可以改變客人對於漲價的印象。

漲價是分辨暢銷產品與滯銷產品的絕佳機會

為了降低漲價的衝擊，還有一個方法就是趁消費稅調漲的時機點漲價。

前述的拓展網路咖啡事業的 Times 公司，他們也有經營二手商店，店裡的商品價格都含稅了。但是二〇一四年四月消費稅從五％調漲為八％（按：日本商店上的標價都未含稅，商品實際價格是標價×一．〇八％，二〇一九年十月則調漲為一〇％）後，高畠章弘社長就頭痛了。二手商店是按件定價，也就是某件二手衣服多少錢、某片ＤＶＤ多少錢。由於是以含稅的方式販售，遇到稅率調漲時，就必須一件件重新貼上新的標籤，實在應付不過來。

高畠社長笑著說：「正當我不知所措的時候，剛好聽到小山先生給別人的建議。小山先生曾跟其他的社長說出惡魔般的耳語：『把含稅改成未稅，價格維持不變就可以賺錢了』。我心想這招真好用，立刻學起來。」

某商品含消費稅五％的標價是一百元，也就是說，不含稅就變成九十六元。如果標價不變、以消費稅八％用未稅的方式計算，不含稅的價格為一百元，客人就要付一百零八元。不含稅的價格漲了四％，客人支付的價格漲了八％。簡單計算的話，營業額成長八％，毛利增加四％。以二手商店部門年營業額五億元來計算，就**多了四千萬元的增量利益**。

當然，漲價的話，銷售數量會減少。但是與其分成消費稅率調漲與商品調漲兩次進行，不如一次調漲，可以降低銷量減少的衝擊。若有遲早都要漲價的想法，那就不要錯失這個機會。

有人會問，如果一口氣調漲價錢，有些商品變得滯銷了怎麼辦？漲價之後變得賣不好的商品，就表示它原本就是低需求的商品。既然確定它的需求很低，那就不要再進貨就好了。**漲價是分辨暢銷產品與滯銷產品的絕佳機會**。

位於秋田縣、經營超市的中央市場有限公司的金澤正隆顧問，也是為了消費稅加稅而苦惱不已的人之一。他不接納我把消費稅用未稅的方式去做，堅持要幹部們採用含稅的方式去做，結果業績一落千丈。半年後，他決定改用未稅的方式去做，結果業績迅速回升。

漲價的決定，只能交由經營者判斷。如果交給幹部或員工，他們會為了增加營業額，無視利益率惡化，一味的漲價。結果就是，即使公司開始出現虧損，他們仍事不關己的做著自己的工作。

經營樂清事業的時候，我曾在中元節、歲末拜訪一些營業額貢獻較高的客戶。但是，當我帶著蝴蝶蘭去拜訪某位客人時，對方回應我「我不要這個，你把產品的價格再壓低一點就好」，我心想奇怪，他怎麼這麼說？

後來才知道，我們的員工用低於進貨價格的價錢，把產品賣給這位客人。這都怪我當時一直強調「要看營業額」，疏忽檢查毛利額才會發生這種狀況。

於是，隔年，我把拜訪客戶的篩選基準從「營業額」改成「毛利率」。

員工只想著衝營業額，而對於公司可能面臨利益率下降、出現虧損的風險毫不關心。所以，即使他帶著我去拜訪我們越做越虧錢的客人時，他內心也沒有任何疑問。**現在回想起來，當時的我真笨。**

售價與進貨價必須由負責經營的人決定

其實，同樣的道理也可以套用在進貨價上。負責採購的人都會想迎合、配合廠商。所以，有時候不小心用比較高的價格採購。結果就是毛利越加惡化，讓公司有虧損之虞。這其實是很危險的行為。

我們來看具體的數字。左頁圖表11是某間公司的損益表，從圖表中得知他們的營業額為八億三千零六十萬元，進貨成本三億六千七百一十萬元，毛利率五五・八％，經常利益為三千萬。

假設負責採購的人因和廠商「交情好而吃虧」，用多二・二六％的價格進貨的話，會發生什麼事？

從試算1可以看出，雖然毛利率只有下降一％，但經常利益只剩下兩千一百七十萬

圖表11　利益計畫檢討表

（單位：百萬元）

目標		目標	試算1	試算2	試算3
			進貨成本多 2.26%	進貨成本多 8.17%	進貨成本少 8.17%
營業額		830.6	830.6	830.6	830.6
進貨成本		367.1	375.4	397.1	337.1
毛利		463.5	455.2	433.5	493.5
內部費用	人事費	218.2	218.2	218.2	218.2
	基本開銷	118.5	118.5	118.5	118.5
	促銷費用	80.4	80.4	80.4	80.4
	折舊費用	15.5	15.5	15.5	15.5
	總計	432.6	432.6	432.6	432.6
部門營業利益		30.9	22.6	0.9	60.9
總公司費用		0.0	0.0	0.0	0.0
營業利益		30.9	22.6	0.9	60.9
營業外收益		2.6	2.6	2.6	2.6
營業外支出		3.5	3.5	3.5	3.5
經常利益		30.0	21.7 (-8.3)	0.0	60.0
收支平衡點比率		93.5%	95.2%	100.0%	87.8%
收支平衡點		776.8	791.0	830.6	729.6
勞動分配率		47.1%	47.9%	50.3%	44.2%

60－30＝30
當進貨成本少 8.17%，經常利益增加了 3000 萬元。

元。換句話說，採購負責人一個不小心，八百三十萬元的利潤就飛了。

交情好、吃點虧沒關係，但如果進貨成本漲價八．一七%還硬吞下去的話，結果看試算2就知道，毛利率少了三．六%，經常利益居然變成零，很可怕吧。如果反過來提高毛利率，經常利益就會大幅增加。在試算3中，進貨價若成功殺價八．一七%、也就是說毛利率提升三．六%的話，經常利益就多了一倍，變成六千萬元。

由此可知毛利率的管理有多重要，可以讓經常利益變成零，也可以讓它多一倍。**售價**、**進貨價**這麼重要的事情，**都應該交由經營者決定**，而非員工。即使委任員工與業者進行交涉，最終還是應交由經營者確認。

協電機工公司（熊本縣、營建業）的藤本將行社長，在製作經營計畫的集訓中，接受我的指導並認真執行，**一年內，他公司的毛利率就高出計畫值的四%**。

我指示他：「想要降低成本，社長要親自監督進貨，強化檢查。」

藤本社長從二〇一七年度開始實行新的方針，一千萬元以上的**大工程全部由社長直接列管**。此外，他還**規定以後所有的外包與材料的進貨，都必須找三間廠商報價**，原則上，如果沒有依三間廠商的報價完成實行預算書，就不准發包。這項改革使得未裁決的發包件數大量減少，並不斷加強對員工的教育，讓員工知道**我們公司的強項就是在截止**

日十天後，就可以用現金付款。

進貨價不是只要便宜就好

若經營者老是對負責採購的人指示「要這麼做，要那麼做」的話，容易與對方發生摩擦。因此，當你覺得不對勁時，應問對方「為什麼要這麼做」。經營者懂得看數字之後，工作的方式也會跟著改變。

員工多半喜歡高價進貨，低價賣出。因為這麼一來可以讓供應商高興、客戶滿意，自己工作起來也輕鬆。

在經營者問完為什麼之後，員工了解進貨成本高低差異，於是他在下次的進貨價就降八．一七%，經營利益增加三千萬元（見圖表11）。這時要把負責人叫來，告訴他**「你真是我們公司的寶」**。反正稱讚不用錢，適時的誇獎員工，他就會受到鼓舞。

但要多注意的是，進貨價**不是越低越好**。舉例來說，最近這幾年花枝的捕獲量少，進貨價格高漲，花枝加工業者叫苦連天。

Maruka 食品公司（廣島縣、加工業）的川原一展社長，因為花枝的進貨價格高漲，所以一次進一年份的量。也因為如此，他們才能穩定的提供「花枝天婦羅瀨戶內檸檬味」（按：零食品牌名稱）給客人，而且大受歡迎。

認為進貨價越低越好、哪怕只便宜一塊錢也好的經營者，就做不出這種經營判斷。**有時還是要用高價進貨，必須做綜合考量再判斷。**

把工作當風景看的人，不知不覺浪費成本

有時，我們在比較郊區的地方開研習會，必須透過貨運把必要的器材從東京寄到會場。萬一延遲配送就糟了，所以我們通常會選擇物流業界中，信賴度最高的大和貨運。

但是，我們的員工在研習會結束後，仍委託大和貨運把器材送回東京。我知道這件事後，立刻下指示：「下次回程採用費用比較便宜的A公司。」

因為，回程時即使延遲一、兩天送達，也不會造成任何困擾。比起能確實送達，但運費也是業界最高的大和貨運，選擇其他費用比較低、有可能配送延遲的貨運，已經十分堪用。

為什麼員工沒有發現原本的做法很浪費呢？

因為工作對他來說，已經變成看慣的「風景」了。**即使是正確的做法，在重複多次之後，就會忘記「這份工作是為了什麼而存在」**，只是機械式的依序把工作完成，把目的和手段弄反了。

現在的工作環境經常處於變化之中。**過去曾經是最適合的做法，現在可能就不適用**。本來我們就應該常用這樣的觀點重新審視工作。但對於把工作當成風景的人來說，就不會察覺這件事，因此浪費無謂的成本，使得基本開銷增加、壓迫到營業利益。當工作成為風景，損益表也會跟著惡化。

但有的員工把工作當成風景，竟感到洋洋得意。有一次，在政策研討會中，我看到桌上放置了沒有人使用的迷你麥克風，就問員工：「這是什麼？」「去年有借這個，所以，我以為今年也要借。」

在經營支援事業也曾發生類似的事：從研習會會場到聯誼會的移動，我們採用預約計程車的方式。叫來的計程車之中，多了七輛沒人坐。但都已經叫車了，所以還是得付錢，這就是無謂的開銷。

我問負責人為什麼要叫那麼多輛計程車，對方回答：「因為有些客人只參加研習會，不去聯誼會。」研習會有八十個人參加，一輛車坐四人，所以叫了二十輛，結果會去參加聯誼會的人加一加，其實只要十三輛車就夠了。

現在，他們知道在預約計程車前，要先向參加研習會的人確認，接著會出席聯誼會的人數。當工作成為風景，就會連這麼簡單的事都無法察覺。

雖然我說的一副義正嚴詞的樣子，但其實我也曾把工作當成風景，只是看看而已。在今年夏天之前，原則上，我們員工到地方出差都是當天來回。因為大量外國旅客來日本旅遊的影響，商務旅館的費用也跟著漲價了。現在雖然價格稍微回穩，但我一直沒有發現這件事，所以沒有重新檢討出差當日來回的規定。

我會察覺這件事，是因為在檢視損益表時發現營業利益減少了。

營業額與毛利增加、營業利益卻減少的話，只有一個原因，那就是基本開銷增加了。於是我仔細檢查公司的開銷，發現交通費異常增加，這才發現出差當日來回是錯誤的規定。

現在我改變規定了。如果在大阪星期一和星期三都有工作的話，那就直接從星期一待到星期三即可。

如此一來，單趟交通費一萬五千元，來回只要三萬元。住宿費兩天是兩萬元，總共開銷五萬元。以前住宿費是零，但交通費來回兩趟一共要六萬元。重新審視方針之後，我們就**減少一萬元的開銷了**。

可以節省的無謂浪費不只是開銷而已。少了一次來回的移動，還可以多出單趟三小時來回共六小時的時間。這段多出來的時間，員工們可以在大阪盡情的使用。還可以在星期二到處去玩也沒關係。

其實，即使我叫員工「去玩吧」，他們還是會選擇工作。武藏野對於系統的建構與投資相當積極，即使人不在東京，工作還是可以做得很好。多出來的時間不只可以用來處理工作事務，也可以在大阪四處跑業務，提升自己的業績，員工都有充分的自主性可以決定。

從二〇一七年十月起，我們連出差時購買車票的規定也改變了。前往超過一百公里遠的都市出差時（去多座都市出差除外），不再用實際費用而是用定價請款。

搭新幹線買東京、新大阪之間的來回票，會比只買單程便宜一些。如果使用東海的「EX預約服務」折扣更多。與定價之間的差額，就當作給個人的零用錢。這樣在回程的新幹線上，就可以多點一罐啤酒。

減少人事費用不能砍薪，得減少無謂工作

所有開銷之中最大的支出就是人事費用。想要增加利益就必須減少薪資。但減少薪資，會讓員工的士氣大受影響，營業額可能會跟著下滑。所以**壓低人事費用最好的方法，就是減少無謂的工作**。這麼一來，大家就不用加班，員工也樂得高興。

末吉名牌製作所（東京都、印刷相關行業）的沼上昌範社長，也是把工作變成風景的其中一人。該公司的製造流程是，早上要先在製造部門進行調配。而製造部門的最終工程，是在時薪員工回去的四點以後才開始。因此現場幾乎只剩正職員工在工作。由於正職員工人數少，每天都要支付額外的加班費，於是人事費就被推高了。

但經過我詳細詢問之後，發現製造部門的調配工作，不一定要在早上一開始的時候做。根據訂單的不同，製造部門的調配可以留在午休結束後處理，而最終工程結束的時間則可以訂在下午四點以前，不用像以前那樣留下來加班。在時薪員工出勤的時間內，大家一起把工作完成，於是縮短了工作時間，之前的加班費就不用再付了，節省一大筆開銷。

說到無謂的工作，**移動**也是其中之一。移動中完全沒辦法提供任何生產，所以越短

越好。我經常指導會員們：「中小企業不可以隨便擴張服務範圍，只要把目標放在成為你所在地區的第一名就好。」這麼說的理由之一，就是服務範圍越小，越能縮短移動時間。

但是低溫公司（奈良縣、運送業）的川村信幸社長不了解這個道理。低溫公司專門做奈良縣內的冷藏配送，但為了滿足顧客的要求，不得不挪用一輛車專門用來運送貨物到和歌山。川村社長把和歌山路線交給自家員工處理，而奈良縣內配送不足的部分，一部分找其他業者外包。這個做法完全是本末倒置。

外包業者只會做答應你的事，不像員工會臨機應變。員工的單位時間生產性比外包業者高。結果，他居然叫員工去跑和歌山這種長距離移動的路線，把短時間內就可以解決的縣內移動交由外包業者。以人事費來考量的話，**反過來做才是正確的**。

我指出這件事情後，個性老實的川村社長就**把員工與外包業者的大半工作對調**。光是這麼做，他們一年就**增加了兩千五百萬元的利益**。

重新檢視工作的方法，就可以把固定支出的人事費運用得更得當一些。不用裁員，也可以降低人事費用。

錢花在刀口——攻擊型開銷

雖說削減越多開銷，就越能增加利益，但開銷還可以用在「投資」的面向。削減無謂的開銷很重要，但對於一些作為進攻型的開銷若太過小氣，營業額也會往下掉。分辨出哪些開銷是進攻、哪些是防守，很重要。

武藏野於二〇一七年二月在ＪＲ新宿未來塔十樓的研習訓練中心，正式開幕了。未來塔是與ＪＲ新宿車站直通的商辦大樓，從未來塔的出口閘門走出來，只要徒步十五秒就能抵達。雖然很方便，但租金非常昂貴，一個月就要五百萬元。

其實，當員工提議「希望能租借未來塔作為會場」時，就連我也反對這項提議。當時，武藏野的營業據點總共有二十三處，光是租金一個月就要一千五百萬元。

當時的計畫是，若要租借未來塔，那麼新宿周邊的研習訓練中心就要全部關閉，改成集中在一處，而當時新宿周邊的會場租金總計一個月要三百五十萬元。換句話說，把會場移至未來塔後，公司每個月就增加一百五十萬元，一年就要多出一千八百萬元的開銷。就連我也感到卻步。

但是，一個月後，當員工第二次提議的時候，我就說ＯＫ了。因為我想把它當成錄用新人的「進攻型開銷」。

員工——尤其新鮮人最喜歡有品牌力的公司。在我們公司工作，新人一進公司就會被分配在首都內的營業所，可是剛畢業的學生不知道這件事。如果工作地點是離車站近，又是全新的辦公室的話，一定可以帶給學生很好的印象。雖然職場新鮮人可以透過公司說明會以及之後的選拔過程中，了解武藏野最真實的面貌，但為了創造這些機會，一開始就要想辦法讓他們對武藏野產生良好的印象。未來塔就肩負了創造這個印象的任務。

實際上，**租下未來塔之後，來聽公司招募說明會的人數確實暴增**。負責錄用員工的淺岡廣季課長，在辦活動前都會預測出席人數，預先做準備。今年所有場次來的人數都超過原來估算。研習訓練中心最大可容納一百五十人，但現場一共來了一百五十九人，還有學生因為進不來只好放棄。租下未來塔的效果超乎想像。

之後的選拔過程的參加率也很高。淺岡刻意把位在十樓會場的百葉窗全部拉開，讓大家可以從窗外看到東京晴空塔（其實從這裡還可以看到神宮外苑的煙火大會，也算是員工的福利之一）。小小的巧思，卻能發揮很大的作用。

不光是錄用人才時可以發揮效果。以往，「把數字放入夢想」的經營者與幹部研習訓練，都是在東小金井舉辦。東小金井只能容納四間公司，而新宿可以容納十五間公司。一開始我們有點擔心會塞不滿，但許多幹部都期待「結束後可以直接去歌舞伎町！」而不斷慫恿老闆報名，所以名額很快就額滿了。

結果，這場研習會的營業額提高了三倍。自從租下未來塔之後，我們的營業額包含預約的部分已經達到兩億元。早在好幾年前，租金增加的部分就回本了。

沒計畫開店卻先租店面

前面提到以千葉為中心經營整骨院的 K's Group 的小林博文社長，對於租金的花費比我更積極。

小林社長看到好的物件，**即使沒有計畫開店，還是會先付錢把店租下來**。他不馬上開店是因為員工的技術水準還不夠，不能維持一定的品質。K's Group 對於員工的技術進修投入非常多資源，若員工在沒達到一定的技術之前，就投入現場，很容易招致不好的評價，流失顧客。所以**開新店之前，他必須確保投入的員工，都能確實學會讓客人滿足的技術**。

小林社長說：「開店之前，我會繼續付店面的房租。有些人會覺得這是浪費錢。但地點好，員工的技術又達到一定水準的話，這間店我有信心一定能賺錢。所以看到好的店面就先租下來，這就是進攻型的開銷。」

這個戰略對不對，看 K's Group 的經常利益就知道。該公司的營業額二十四億，**經常利益（稅前盈餘）就有七億**。這是非比尋常的數字。他們的利益率會這麼高，就證明了積極付出額外的開銷，反而能讓更多的錢反映在營業額上。

「兩人一組」一點也不浪費，是最好的員工教育

作為重大開銷之一的人事費用，也需要進攻型的使用方式。在武藏野，我們盡可能會讓業務兩人一組拜訪客戶。照理說，如果想要降低人事成本，應該盡量派一個人前往就好，另外一個人可以去做別的工作。

但這是不對的。經營者通常會認為員工個別工作比較有效率，但其實員工在沒有人監視的情況下，通常會很有效率的偷懶。員工比經營者想得還聰明。

兩人一組的好處不只是員工無法偷懶，能力差的員工還可以跟能力好的員工學

習。相反的，能力好的員工也可以透過教導能力差的員工，重複練習自己的技巧。**兩人一組的安排，還兼具員工教育的作用**。

從這點來看，因為兩人一組產生重複人力的人事費用，**可以視為教育研習費**。這就是所謂的進攻型的開銷。

為了產出利益，節省無謂的開銷確實很重要。但**不能因為眼前的蠅頭小利，而刪改或節省進攻型的開銷，否則一定會得到慘痛的教訓**，請諸位多加注意。

「一定是這樣沒錯」，誰來打醒你一廂情願想法？

無能的經營者有一個共通點，那就是很多時候認為經營「做了A之後，應該能得到B結果才對」，但這是一廂情願。

「只要這樣做，營業額應該就能提升才對。」

「只要重新檢視業務中產生的無謂浪費，生產力應該就能提高才對。」

在不確定會出現什麼結果的狀況下，抱著「一定是這樣沒錯」這種一廂情願的心態經營公司，就是錯誤的根源。Beaumind 公司（東京都、美容沙龍）的高松和愛社長就是其中一人。

在該公司的沙龍中，除了提供接假睫毛的服務，還販售美容小物。他們是在半開放的空間替客人做美容，所以她在面對客人的牆壁上，貼著說明美容小物的廣告海報。因為她認為那裡是客人容易看見的地方。

她說：「客人坐在美容床上，椅背往後倒，其實海報已經離客人有點距離了。我之前沒發現這件事，所以一直貼在正前方。後來我試著把海報移到客人的右側，結果美容小物的銷售量就提升了。大多數的客人都是右撇子，把頭朝右的機會比較多，這時海報就可以自然映入他們的眼簾。」

高松社長還有許多的「應該」。

比方說，海報上會寫著產品說明與價格。但以前的海報為了強調產品很划算，所以設計的時候刻意把價格標示的很顯眼。她以為「強調便宜應該會讓客人感到開心」。

後來她又做了不一樣的嘗試，海報設計改以凸顯產品說明為主，客人的反應變得截然不同。過去某個小物原來的銷售數量是一個月賣出五十六個，但做了改變之後，那個月竟賣出一百三十四個。對前來沙龍做美容的客人來說，美不美麗比便不便宜更重要，但以前的高松社長不懂得這個道理。

另外，美容師替客人接假睫毛時，需要使用小推車上的工具。每一間沙龍大概都有七到八個小推車，擺放工具的位置交由每位美容師自行決定。因為每個人覺得順手的擺放方式都不同，所以她以為交由每個人自己決定，應該可以提升服務品質才對。

但是，當她以整頓、整理為主軸重新更新店內的環境後，才發現過去的想法是錯誤的。把所有小推車的擺放方式統一了之後，指名客的人數突然快速增加。

「以前員工都是使用自己專用的小推車，所以要特地把自己的小推車移動到指名客的位置。但自從統一之後，就可以省去移動小推車的時間，立刻帶領客人入座。

「而且，每一臺小推車的配置都一樣，不會再發生找不到工具讓客人空等的情況。美容師可以專心為客人服務，滿意度自然提高了。其中一間店，一個月的指名客數從三千四百八十五人，增加為三千七百三十四人，成長了七％。現在我才知道，以前我完全是靠自己的想像在經營事業。」

有不少經營者像過去的高松社長一樣，用一廂情願的想法經營公司。雖說有時候會矇對，但若猜錯了，就只能眼睜睜看著原本可以增加的營業額或利益白白消失。幸好高松社長迷途知返，沒有造成更多損失，否則這些利益的損失不知道要持續多久，想一想還挺可怕的。

用數字驗證，是不是一廂情願

怎樣才能消除經營者的一廂情願呢？

有一件事情一定要做，那就是透過數字驗證。

不管你多麼有把握，認為「就邏輯來看是正確的」、「就過去的經驗來看是正確的」，**如果數字沒有辦法證明這些看法，就可以判斷那只是一廂情願的想法**。

數字不會說謊。如果結果不如預期，不會是數字的問題，一定是邏輯或經驗出了狀況。只要有數字做驗證，想要找出增加營業額或利益的方法並不難。

Herbar House 公司（新潟縣、營建商）的石村良明社長，曾因經營其他公司失敗負債累累。連從零開始都稱不上，而是從負債起步。當初銀行不肯借他錢，他還曾在梅雨季節一個人撐著傘在街上發傳單。

石村社長了不起的地方在於，他用數字來管理發傳單這件事，讓發傳單的效果一目瞭然。

發完傳單後，若詢問的人數依然稀少，他下次就會試著改變傳單的標語、顏色、發傳單的時間等。經過不斷努力的改善，最後他終於製作出回應率較高的傳單。

以此延伸，他又改良了公司的網站。

結果，原本乏人問津的網站變成客人相繼索取資料的網站。由於這個策略的成功，使得他們的營業額從**十五億元（二〇一二年度）躍升到五十五億元（二〇一六年度）**。因為持續通過數字的考驗，公司也跟著急速成長。

沒有任何保證、完全不客觀考慮現實情況的持續經營企業；或是透過數字驗證，找出最好的效果，不斷改善。哪一種做法對公司比較好，我想就不用多說了。

PDCA不會帶來神鬼般速度，反而慢

公司內部存放各式各樣的數據資料。以營業額、利益等基礎資料為首，包括來客數、回籠率、廣告郵件的點閱率、工廠的交貨時間……這些資料就如同一座寶庫。透過分析，就可以找到使公司成長的啟示。

但是，有不少經營者因為對數字漫不經心，所以沒有把這些資料整理起來。或是有心想分析，但因為累積的資料量不夠，擔心分析不準確。

在這種情況下，「不要等資料量累積夠才做，直接用手邊現有的資料思考」。比方

說，判斷能力只有十的人，目前擁有一百的資料量。一個月以後資料量會累積到五百。難道累積這麼多數量，就可以做出正確的判斷嗎？

答案是不可能。判斷能力只有十的人，即使多一倍資料量給他，他還是只能做出判斷能力十的結果。如果判斷的結果一樣，等待資料量增加，一點意義也沒有。所以一開始，**從手邊有的資料判斷起即可**。

如果你的判斷能力只有十，那麼一開始的判斷一定是錯的。不過，你可以從錯誤中學習，慢慢提升判斷能力。經過不斷重複的練習，一個月後你的判斷能力說不定就會提升到二十。到時候，你的資料量也累積到五百，就可以更加活用這些豐富的資料。

大家都很喜歡使用假設驗證的ＰＤＣＡ（按：Plan-Do-Check-Action 的簡稱，針對品質工作按規畫、執行、查核與行動來進行活動，促使品質持續改善）循環。當然，比起什麼想法都沒有、毫無計畫的經營方式，假設驗證已經是相當好的做法了。

但是，**許多人在建立假設上花太多時間，很容易失去先機。所以應該先從「Do」開始**。與其找一大堆理由，不如試著做做看。

分析資料也是一樣。如果先累積資料再分析，再建立假設，這樣的流程速度太慢了。有一種東西叫做「**隱性知識**」，意思是即使原因還不明確，依照過去的經驗（手邊的資料）做出判斷的智慧。首先用隱性知識判斷，行動完之後再透過累積的資料驗證結果，最後就可以接上下一輪的ＰＤＣＡ。而且，隱性知識比假設驗證強大多了。

假設驗證與隱性知識的不同，就和「演繹法」與「歸納法」的不同一樣。

演繹法是先用邏輯導出結果，然後用事實證明想法的正確性。而歸納法是列出事實，找出共通的規律，再為這樣的現象找理由。

假設驗證屬於演繹法，但若太拘泥於理由，硬要照自己的方便解釋事實，很容易出錯。換句話說，容易產生先入為主的想法。相較之下，**隱性知識屬於歸納法，它依據的都是事實**。由於可以讓人在不先入為主的狀況下，單純的看資料，所以很容易導向正確的解答。這也是隱性知識比假設檢驗更優秀的地方。

所以，要分析資料時，**正確的做法是試著從手邊有的資料開始分析起**。就算有些是公司從未整理的資料，也一定有會計人員在決算時計算出來的營業額、毛利等基礎資料。先把這些資料找出來，想辦法看可不可從中讀出什麼。

「有兩個月營業額急速增加，那個月做了和平常不一樣的事嗎？」

「每一間店的毛利額從半年前就開始減少。是因為半年前人事更動的關係嗎？」

像這樣把資料與事實整合起來看，找出規律，最後再進入驗證的流程。這樣的做法可以得出比假設驗證更快速、更正確的結果。

記錄並分析客戶資料，實現「U型復甦」

除了分析手邊的資料，還要面向未來，**把所有與業務有關的資料都記錄下來，讓它成為隨時隨地可以使用的狀態**。

資料分為很多種，其中最重要的就是**顧客資料**。哪一種客人，在什麼時候，買了什麼？如果沒有這個資料，就無法建立真正的營運戰略。

位於山口縣的太陽 Communications 是一間游泳學校，受到少子化的影響，學生人數年年遞減。原本巔峰時期達到兩億一千萬元的營業額，後來只剩下一億八千萬元。經常利益也處於連年虧損的狀態。

雖然公司有建立顧客資料。但是第二代經營者岡生子社長卻不清楚要如何活用。

「我不知道怎麼使用這些顧客的資料，所以只是堆在那裡而已。我認為當時的營運活動和這些資料完全沒有關係。總之，我就是想要增加學生，所以讓每個員工挨家挨戶拜訪看起來有小孩的家庭。但這麼做非常耗費人力，而且還招收不到幾個學生，員工也因為跑這項累人的業務，開始發出不滿的聲音，認為這樣會『影響到教學的品質』。當時我真的覺得有點走投無路了。」岡社長回想當時的情況說道。

他第一次活用這些資料，是在我們武藏野開設的「老闆的經營課」課程中，學到應鎖定客戶拜訪這招開始。

他重新檢視顧客資料，發現顧客大多是透過托兒所和幼兒園入會。但是這些透過托兒所和幼兒園入會的小朋友，在畢業之後幾乎都會退出。與其把力氣花在開發新顧客，不如想出一個辦法留住這些舊生才是上策。

「之後，我們不再挨家挨戶拜訪，而是集中人力在托兒所和幼兒園的園內發傳單。此外，我們和園方合作，提供游泳教室作為畢業典禮的場所。我們把小孩在游泳池練習的照片，配上教練的評語製作成畢業證書，親手交給小朋友。有些家長看到自己小孩成長的姿態，還忍不住流下眼淚，主動跟我們說：『小朋友都學這麼久了，那就繼續上好了。』於是，我們舊生持續上課的比例瞬間飆高。」

以前，幼兒園畢業之後還持續上課的學生，兩百人之中大約只有七、八人，當他們承辦畢業典禮的業務之後，持續上課的學生提高到六十到七十人。公司的業績也一口氣大幅攀升，現在營業額已經回升到顛峰時期的兩億一千萬元。由於他們公司低迷的時期太長，所以不是V型復甦，而是U型復甦。

岡社長能成功達成U型復甦，要歸功於他雖然不懂得如何使用，但仍老實的記錄顧客的資料。如果把這些資料丟掉，沒有抓住浮上水面的機會，那麼這個U型復甦恐怕就成了破底的水桶，營業額只會一落千丈。

不是以業務負責人分類，必須以「顧客」資料分類標準

接下來我們再談一個記錄顧客資料的小技巧。

顧客資料要依照每位客人來歸類，整理情報。有些人聽到會覺得，這不是理所當然的事嗎？其實，包含營業履歷，有不少企業沒有做到這些理所當然的事。對於某個案件，業務員何時去做訪問？契約何時成立？何時做事後的追蹤？**幾乎所有的公司都以「業務員的工作日報」為類別，歸類這些資訊紀錄**。

顧客的資料若是跟著業務員的紀錄走，當人事異動或團隊要做研究之時，就會產生困擾。因為客戶的情報分散在複數的人手中，當你想要分析時，根本無從下手。

在前文我們提到營業額的高低，與業務員停留在客戶公司的時間成正比。能夠做出

這樣的分析，我們依靠的**不是每天記錄停留時間的工作日報，而是以「每位顧客」為類別寫下這些資料**。這一點如果搞錯了，那麼這些辛苦記下來的資料，就會變成可遠觀不可褻玩的珍寶，而經營者就如同坐擁寶山的乞丐，請多加注意。

無人聞問的問卷，變為進攻型的開銷

與顧客相關的資料中，最重要的就是**顧客的回響**：滿意度有多少？透過哪一種廣告媒體得知自家公司的產品？會想要再來光顧嗎？作為一位經營者，想要了解的情報多的不得了。

但是，客人不一定會回答問卷上的所有問題。即使回答，也不一定會寫出真心話。因此，想要把客人的回響作為「可利用的資料」，就必須在問卷上多下點功夫。

前面介紹過在九州經營拉麵店等事業的 Gold-Planning 公司社長吉岩拓彌，在設計問卷時多加入一項優惠，就是如果客人回答問卷有填入出生年月日，就會在客人生日那天寄送**附折價券的明信片**。雖然折價對象只限定小朋友，不過後來確實增加許多為了拿折價券來填問卷的客人。

吉岩社長甚至連**折價券的回收率**都當成資料記錄下來。回收率太低，就表示這個折價券對顧客來說沒有太大的吸引力，使得寫問卷的人也變少了。原本回收率低的問卷，經過變更明信片的用色、設計等不斷改善內容之後，回收率提升到四五%。換句話說，願意寫問卷的顧客之中，**將近一半都是回頭客**。

有些人會問，有回頭客還一直打折，不是會讓獲利減少嗎？

關於這一點，吉岩社長也不是省油的燈，他的折價對象只限定小孩子，小孩子不會一個人來吃拉麵。一家四口來店消費，其中三人都是付定價的錢，「增量利益」的效果就出來了。

更進一步的說，即使因為發折價券導致獲利降低也沒關係。原本付折價券就是讓顧客寫問卷的誘因。假設發折價券最後真的導致獲利減少，就把它當作**進攻型的開銷**。雖然多了一筆開銷，但只要能提高問卷回收率，這筆錢就花得值得。

問卷只問兩個題目，營業額累計十二億元

做問卷本身不能成為目的。即使客人回答問卷，若答案都是表面化、虛應的回

應，分析這些東西一點用處也沒有。若想要透過問卷調查改善業務，就必須挖掘出客人真正的心聲。

武藏野也曾經犯過這種錯。我們所做的問卷調查，曾對前來參加現場見習會（可以親身參觀武藏野的運作模式）的客人，問過一個很笨的問題：「您覺得員工的態度如何？」收集問卷的是員工，而這份問卷調查採取記名的方式，所以寫問卷的人知道員工本人看得到這些評價，怎麼敢給低的分數。這種問題只不過是用來滿足負責人自己而已，一點作用也沒有。

問卷**不應該為了滿足自家公司，而是為了滿足顧客而設計**。經過反省後，我把十個問題改成兩個，**「請寫下貴公司在經營上面臨的課題」**、**「請在有興趣的項目上打勾（可複數選擇）」**。

我的員工則提出反對：「客人怎麼可能告訴我們公司的情報？」但最後，事實證明他是錯的。

人很難在別人面前惡言相向，但若知道本人不會看到，大概都會寫下抱怨的話。客人也是一樣，因自家公司沒人看到，便會毫不隱瞞的寫下對於公司的不滿。我們可以把客人的回饋作為反面教材，用來改善自家業務。因此，武藏野的現場見習會越辦越好。現場見習會這十六年的營業額累計，已經達到十二億元了。

顧客付完錢，才能問出他的真實評價

那麼，該怎麼做才能直接聽到客人對你的評價呢？

其實，**真實的反應就出現於客人付完錢之後**。如果在付錢之前問，客人會提高警覺：「要是提出缺點，說不定反而會被強迫推銷其他東西。」結果不敢說出真心話。客人願意吐露真言，一定是等到交易結束之後。只有到了說再見，也不會發生問題的狀況下，客人才會說真話。

松尾 Motors 公司（兵庫縣、汽車銷售）的松尾章弘社長在顧客來取車的時候，會先把車開到店門口，但我認為這麼做，會錯失與客人交談的機會。

客人來取車就表示契約已經成立了。這是客人最容易說出真話的時機點，這時業務員應該盡可能留下客人，花多一點時間交談，引導他說出真心話。

但如果先把車停在店門口，客人取車後馬上就會離開了。

於是，我指導松尾社長要把車故意停裡面一點，並跟客人說「馬上為您開車出來，請稍候」，然後叫其他員工去取車（在**看不見的地方放慢腳步，看得見的地方加快動作**），這段時間你就可以**好好的在會客室與客人交談**。

做問卷也是一樣。付完錢之後，要想辦法留住客人，好好的與他交談、提問題。

客人的意見是最強大的資料之一，但這份資料**可能是毒藥，也可能是解藥，全視表面話或真心話而定**。要保持警覺，不要讓客人做完問卷調查後的真實反應溜走。

兩招，讓員工願意做他不想做的工作

收集資料最大的**阻礙**來自於**員工**。比方說，主管為了分析營業活動的效果，想要統計客人的停留時間。但員工覺得很麻煩，不想在系統中輸入這些數字。很多時候就是因為第一線的人員抗拒做某些事，導致無法收集必要的資料。

基本上員工想做的就是輕鬆但薪水要高的工作。所以，他們不想處理麻煩的事情也是人之常情。

人就是這樣，叫他「去做」他偏不做，叫他「不要做的」偏要繼續做。員工本來就是不聽話的，錯是錯在經營者以為光口頭要求他「做紀錄」，就能成功達到目的。

有兩個方法可以讓員工去做他覺得麻煩的工作：一是用金錢吸引他，二是建立一個他不做，便會感到困擾的機制。

武藏野有辦法讓員工主動使用「Mypage Plus」來累積資料，是因為我們在機制上做了一個變革。那就是如果員工沒有把必要的情報登錄完成，就無法領取當日薪水。這麼一來，員工即使不想做還是得做。畢竟**員工都是「向錢看」**。

另外，我們會發給每位員工可以蓋「一百格」的集點卡。員工或時薪人員只要參加讀書會，就可以得到一點。集滿一百點後，就可以得到五萬元的旅行券。通常員工不會集滿點數，而是跑去兌換券商店把它換成錢，當作自己的私房錢。所以，我們的員工都是自主的參加讀書會。

用金錢引誘可以分為「糖果與鞭子」，集點卡就是糖果，而不輸入資料就拿不到薪水則是鞭子。

當我們把報帳事務電子化時，我就宣告「從今以後，公司不接受透過紙本的申請」。如果員工的申請沒通過，交通費就沒辦法報公帳，所以雖然大家會發牢騷，還是得把申請資料輸入系統中。兩個禮拜之後，大家完全習慣新系統的使用方式，再也沒有人抱怨了。

當然也不是所有員工都會乖乖屈服，例如經營支援事業部門的志村明男本部長，就有四十二萬的帳懶得報。他的薪水帳戶一向都由太太管理，我告訴他太太這件事後，他就來拜託我，最後還是乖乖完成報帳手續。

讓員工輸入必要的分析資料時，也可以運用這兩招，一招是給予輸入這項勞力的等值回報，另一招是如果不輸入就無法工作造成自己的損失。

改變機制後，不代表你馬上就能收集到資料。經營不是在下黑白棋，別想著只要改變機制，黑色就會全部自動翻成白色。想要資料的話，就**得靠自己老老實實的翻過一個個棋子**。**經營者絕對不能有輕鬆賺錢的想法**。不花時間，就得不到想要的東西，這一點請謹記在心。

第5章

用數字培育員工，大家都有錢意識

經營者學會讀財報、分析數字的方法之後，就可以掌握公司的問題。有人會問：「我該做的都做了，即使如此，業績仍然沒有起色，該怎麼辦？」

如果是這樣的話，原因就很清楚了。那就是幹部員工沒有跟上經營者的成長。經營者自己一個人變聰明了，但員工還在原地踏步。

這時候，你就需要**能讓作業效率提升的數字，說白了，就是對「錢」——也就是現金的意識**。

要求員工以「營業利益」為做事準則

很多公司會收集員工的點子，但是如果沒有客觀的數字來證明，藉由哪種改善可以提高生產力，那麼收集點子就只是單純的創意發想大會罷了。

以工廠來說，相關數字包括交貨時間、每人的生產額；以業務來說，就是移動時間、客人停留時間、營業額等，與工作相關的就是單位時間的作業量等，員工要先了解數字的意義之後，才有辦法提出改善的方法，提高實行的動機。

課長以上的幹部如果不理解自己部門的損益表結構，就無法工作。所以很多不懂損益表的課長，雖然可以賣很多產品，卻讓公司賠錢。東伸公司（岐阜縣、產業機械）的藤吉繁子會長過去曾這麼抱怨：

「我們的客戶是大公司，裡面的員工頭腦都很好。因此，我們的員工很容易就被哄騙，輕易答應變更本來說好的產品設計樣式。

「變更樣式，成本也會跟著調整，費用也會改變。但我們家的員工對損益表一點概念也沒有（營業額－成本＝毛利，毛利－費用＝營業利益），居然接受了同樣的價格。因此，即使我們的毛利好不容易轉虧為盈，可是從營業利益來看，有不少訂單還是虧錢。」

之後，藤吉會長**要求所有的員工報告都要以「營業利益」做考量**，學會損益表的結構，花了三年才讓員工完全改變，現在他們已經不會再接到會賠錢的訂單了。

變成幹部之後，連資產負債表也不能不懂。因為那些學習過如何看資產負債表、理解現金重要性的經營者，會要求幹部把資產負債表的數字變得好看一些。但是，幹部若不了解經營者的意圖，很容易把力氣放在錯誤的地方。這麼一來，就算經營者再怎麼努力學習，公司也不會變好。

員工如果不理解數字，欠缺現金意識，每個層級都會發生不一樣的悲劇。既然如此，這些悲劇應該要怪罪在不理解數字的員工身上嗎？

錯，員工不理解數字是理所當然的事。連經營者本身，都有**七到八成的人不會看財報**。連老闆都是這種程度，卻來抱怨「我們家的員工根本不懂報表上的數字……」，邏輯根本不通。員工不理解數字的原因，應該是出在經營者沒有要求員工努力學習。

mypleasure 公司（三重縣、事務機器）的河內優一社長是什麼事都做得來的超人。但是這不是好事。今天哪個部門的數字惡化，他就會親自出馬分析原因，給幹部下指示，因此當他的幹部永遠不會成長。這是那些不親自指導就覺得不放心的一人創業經營者，常會犯的錯誤。

如果不想讓公司繼續成長，那就保持一人公司的風格也無妨。但若想讓公司成長茁壯，就必須培育幹部、下放權限，經營者把精神集中在只有自己辦得到的工作上。

河內社長為了讓公司成長，所以他在一年前，帶了三名幹部參加「實行計畫評估」的集訓。

河內社長說：「以前辛苦做好的執行計畫，都會像宣傳海報一樣，特地張貼在公司裡面，但沒有人認真去看。不管我怎麼動怒『你們搞什麼鬼啊』，大家還是一副無所謂的樣子。

「但自從和幹部到外頭集訓了幾天之後，他們的態度可說有了一百八十度的大轉變。幹部原本就是比我更了解第一線狀況的人，現在他們還會回過頭來告訴我：『我們的執行計畫，這個地方還要再加強。』指出我沒注意到的地方。過去幹部總是缺少當事者意識，現在反過來還可以帶給我學習的機會。看到他們改變這麼多，也帶給我很大的反省。」

當幹部開始理解數字之後，面對計畫就會萌生**當事者意識**。只要認真做，業績就會提升。mypleasure 公司**在五年內成長了一六五％**。

當員工開始理解數字時，還有一個好處，是他們會覺得：「原來我們的老闆都在做這麼困難的工作。」於是慢慢尊敬你。比方說，第二代經營者常會遇到比自己資歷更深、指揮不動的老將，這時如果身邊能帶著自己訓練出來的幹部，只要一句話，事情馬上就辦好。

要選擇你自己一個人努力學習、繼續用危險的一人公司風格經營公司，或是選擇與幹部、員工一起努力學習，打造出更強大的公司，這個決定全掌握在經營者的手上。

沒有數字觀念，是接觸次數不夠

有人會說，我們公司屬於中小企業，員工都沒有高學歷，基礎已經不好了，還要他們培養出判讀數字的能力，根本是異想天開。

如果經營者有這種想法，就是在侮辱自家員工。公司的數字與學歷無關。**每個人只要多加練習，都可以成為數字專家**。

其實人的大腦沒有太大的差異。以電腦來說，硬碟的容量大家都一樣。不管是東大生或國中畢業、老闆或一般員工，大家頭腦的性能都相差不遠。

差別在於裝在硬碟內的資料量，以及把資料組合加工的能力。電腦也是一樣，只要它擁有夠多的資料量，再加上可以加工的程式，就可以得出較為正確的解答。

幸好，資料量與加工技術都是後天可以增加的部分。資料量就是「知識」。學習越多就增加越多。另一方面，加工技術則是與「經驗」的量成正比。只要不斷增加各種經驗，就能累積出許多模式，知道「這時候應該怎麼做」，有辦法處理各種資料。

東大生頭腦好是因為他讀了很多書，腦中塞滿知識。而經營者比員工更容易看出本質問題，是因為他擁有各種經驗。即使是學歷較低的一般員工，只要努力學習累積經驗，大家都可以擁有和國立大學生、公司老闆一樣的能力。

數字也是一樣。員工對數字感到不在行，**並不是他的能力不夠，而是接觸次數不夠**。只要把判讀數字的方法作為知識教導員工，增加他接觸數字的次數，每個人解讀數字的能力（錢意識）都會變強，與學歷無關。

我們公司就有一個現成的例子，就是我高中時期的學長以及學弟，飛山尚毅部長與大森隆宏部長。

飛山他的數學成績完全不行，進公司後也是靠著毅力往上爬。他在樂清事業確實留下不少功績，但一轉到專門處理數字的經營支援事業，他就沒轍了。武藏野的公司政策有提到，經營支援事業部長級以上的人，必須具備能夠檢視長期事業計畫書的講師的程度。而飛山離當講師的水準還很遠。

畢竟，飛山從樂清事業異動到這裡之前，從未看過財務報表。異動後，他才第一次聽過「資產負債表」這個東西，還一臉認真的問：「是我在樂清做的BS（S尺寸的除塵紙）嗎？」

大森學弟也不遑多讓。雖然大森念理組，對於數字不會感到害怕，但因為知識與經驗不足，所以看不懂財報。我們經營支援事業有一項業務，是在客人參與製作營運計畫書的集訓時，我們得知他們的下一期的教育預算後，跟他們提議：「我們還有這樣的研習課程喔。」但是這場集訓中，大森直到最後一天才出現。在製作經營計畫書時，被客人問到「這個數字代表什麼意思？」時，還閃躲不願回答，而且逃離現場。

飛山與大森都是聽到數字的「數」這個字就拔腿就跑的人。武藏野的員工多多少少都有這種傾向，只是這兩個人的腳程特別快。

即使如此，這兩個人現在都對數字很在行，足以擔綱檢查講師的角色。就連飛山現在都當上了「經營者必用軟體（製作經營計畫所使用的原創軟體）」的講師，表現得可圈可點。

這兩人的數字判讀能力變強只有一個原因，那就是增加了知識與次數。公司的政策是員工只要學習與記帳、財報相關的知識，在外頭補習的費用由公司全額負擔。大森就是這樣學會所有相關的知識。

為了增加練習次數，我強迫他們要擔任檢查講師。半期當兩次講師，並參加事前讀書會兩次，可累計四次經驗。很多員工都因此成長了。**只要有正確的方法，誰都可以成為數字高手**。

把數字當全公司共通的語言與工具

接著，我要介紹幾個教導員工數字觀念時的訣竅。

首先，不可以用概念教他。我在小學低年級的時候，還不會從一數到一百。數到十或二十還可以，但到了七十、八十左右，便失去現實的想像，腦袋突然當機。

基於這個經驗的反省，我教我女兒數數時，是用硬幣來教她。我先準備十枚一元硬幣、兩枚五元硬幣、十枚十元硬幣，以及兩枚五十元硬幣，用不同的硬幣組合一到一百的數字給她看。透過眼睛看得見的具體工具教學，女兒很快就學會一到一百的組合方式。

一開始，她幾乎是用硬背的方式記下來，但沒多久她就找出規律性，可以運用自如了。後來我甚至拿出一百元硬幣和五百元硬幣、千元鈔票，問她：「一千兩百四十元怎麼湊？」她也可以輕鬆的找出答案。

對剛開始學習數字的我來說，沒辦法跳過具體的事物，一開始就透過抽象的概念來理解數字。人無法理解無法具體想像的事物。即使有必要理解抽象的概念，也要**先了解具體的例子，再從中導出抽象的概念。**

在教導員工與公司相關的數字時也是一樣，不能硬要他死背帳簿上的概念，應該要**從與員工工作具體相關的事物教起**，像是：

「你的薪水是算在基本開銷，也就是營業成本裡面。」

「那個材料如果你用高一〇%的價格購入的話，利益會變這樣。」

員工教育需要用到**全公司共通的語言以及共通的工具**。

在理解某個概念時，用日文與英文，或其他外國的語言傳達時，會因為傳達的方式與解釋方法不同，而產生微妙的誤差。數字也是一樣。如果不使用公司統一的語言，放任大家各自解釋的話，很容易產生誤解或誤差。

在武藏野，即使是一般員工也要接受管理遊戲（ＭＧ）的訓練。管理遊戲會把會計用語用英文縮寫表示，像營業額用「ＰＱ」，毛利用「ＭＱ」等。由於全體員工都要接受訓練，所以員工之間會用「ＰＱ大概多少」等用語溝通。

P是price（價格），Q是quantity（數量），M則是margin（利潤），不用記這麼多也沒關係。我們平常用國語溝通，也不代表我們都理解每個單字的緣由。與數字相關的簡稱也一樣，緣由只是次要，最重要的是使用共通的語言。

因材施教

至於教法，不必全體統一，而是必須**配合個人做靈活的變化**。

武藏野員工全體都必須接受ＥＧ（emergenetics）的測驗，這是分析個人特質並加以數值化的工具。根據個人的思考類型，用藍色（分析型）、綠色（結構型）、黃色（概念型）、紅色（社交型）四種要素作呈現。

藍色優勢的員工屬於邏輯型的人，所以教導他判讀數字時，一定要邏輯分明的解釋清楚，對方比較容易記住。

除此之外，綠色優勢的員工最擅長定型業務。關於數字，與其教導他數字的意義，不如透過具體的順序教導「只要是這個業務，就要把這個數字寫在這裡」，增加他記憶的速度。

至於黃色或紅色優勢的員工，是屬於追求好玩就好的感性型，對數字通常較不拿手。他們既不想理解意義，對於瑣碎的順序也不擅長。所以教他看數字時，只要教個大概即可，剩下的就是下指示，叫他「現在就去做〇〇、增加營業利益就對了！」這樣他很快就能熟悉數字。

像這樣每個人都有適合自己的教法。如果無視於這點，對於邏輯型的人用概略式的教法、對於感性型的人強迫他按照順序一板一眼的學習數字，最後一定會失敗。配合每個人不同的適性，指導方法也要跟著改變。

在武藏野，我們會透過ＥＧ把員工的適性數值化。如果沒辦法做到這個地步的公司，經營者也可以透過平時的溝通交流，在某種程度上判斷出員工的適性。

最重要的是，不要以自己作為基準思考事情，像是「我自己是這樣學會的，所以員工們也應該這麼學」，應該遷就學習者的適性，改變指導的方式。

提升員工數字力的兩個條件

想要加強員工判讀數字能力的話，應該先整理好公司的環境，**讓員工可以隨時隨地、自由的查詢到與公司相關的數字**。

許多公司都不公開會計數字，限定只有經營者和幹部才看得到。用棒球比賽來比喻的話，這就像是擋住計分板，不讓選手看，但又要選手去比賽一樣。與其讓教練獨占記分板，不如把計分板公開給大家看，才會讓員工產生動力。

這不只是鬥志的問題。贏一分和輸五分的狀況下，選手在打者席或壘上採取的行動也會不一樣。贏一分的話，打者可以選擇觸擊。如果在第九回合已經輸五分，就不可能選擇犧牲打。要培養出「什麼狀況應該採取什麼必要的行動」的判斷力，就必須公開計分板。

在我們公司，幾乎所有的數字都要公開。連我作為董事的報酬也是公開的，員工都知道。有人擔心公開自己的薪水，會讓員工忌妒：「怎麼會領這麼多？」如果會被員工忌妒，不是經營者領太多，而是經營者做的事情配不上這份薪水。

我作為董事領的報酬是一億元。但光是當我的「跟班」的研習課程，一年就有八千萬元的營業額。扣掉「跟班」課程，我作為老闆的薪水只拿兩千萬元，實在很便宜。這些細項資料我們也都是完全透明，所以沒有一個人有怨言。

到了月底，會計人員會公布各部門的損益表。所有開支的細項全都公開，所以若部門的主管覺得「這個月的交通費太高了」，就可以自己檢視細項。有時候還會發現其他部門的交通費，居然算在自己部門的頭上，如果不趕快處理，自己部門的利益就會減少，進而影響獎金的發放。所以我們各部門的主管都會主動檢視數字。

這時候最重要的就是，**數字也要做好「環境整備」**。也就是說，進入公司內部系統後，如果不設定清楚在哪裡可以看到那些數字的話，當使用者看不到想看的數字時，便不斷累積壓力，最後就會放棄看數字了。

公司的數字應該毫不掩飾的公開。公開的數字要做好整理，讓員工可以隨時點進去看。只要做好這兩點，員工就會對數字產生親切感。

說數字，講重點，一分鐘能報告三主題

「怎麼樣？工作順利嗎？」

「很好，我會繼續努力！」

經營者如果是用這種方法確認員工的工作狀況、而且對於這個答案感到安心的話，那就要小心了。哪天得知真相時你可能會感到氣餒，心想：「這跟說好的完全不一樣嘛！」因為對方根本達不到你期待的成果。

員工倒不至於做假報告，但他不會全說真話。對自己不利的事情，他會故意隱瞞。就算發生狀況或偷懶沒照計畫進行，他也不會把這個情報往上呈報，這對員工來說很**「普通」**，但對社長來說，完全**「不通」**。

想知道真相，就要讓員工報告數字。去年的數字是十，今年的數字是六，所以今年比前一年「提升四」。用數字報告的話，就能知道員工做了多少努力。我們不需要「我會拚死拚活的努力」這種文學性的表現。數字，就是這麼簡潔的語言。

武藏野的會議都有**規定好報告時間，而且必須從數字的報告開始**。接著是**客戶資料、對手資訊以及商業夥伴資訊，最後是自己的想法**。這個順序是按照重要度排列。**比起自己察覺的現象，數字更能顯現真實**。

用數字報告的好處還有一個，是可以長話短說。

在我們的**高階主管會議中，每個人的報告時間是一分鐘**。即使你還有很多話想說也是不被允許的。總務部的人會在旁邊測時間，一分鐘到了就會打斷你。

可能有些人覺得一分鐘不太夠，但我們的部長只要**一分鐘就能報告三個主題**。能夠在這麼短的時間內完成報告，都是因為先從數字報告起。用數字表現的話，就可以避免冗長的說明。所以說，數字是最簡潔的語言。

在京都或大阪等地經營「大阪燒・鐵板燒金太」等餐飲店的 TEIL 公司（京都府）的金原章悅社長說，除了新展店以外，他們原有店鋪的營業額，都達到連續八年成長的成績；而二〇一七年度營業額比前一年成長了八％。

金原社長最重視的規定就是，店長要在每週一次的會議上報告三項主題：

1. 確認月底的預估營業額、預估利益。
2. 確認人事費、輪班時間。
3. 確認蜜蜂作戰以及促銷的成績（按：蜜蜂作戰法與蜘蛛築巢作戰法同為作者創造的名詞。前者指業務主動出擊拜訪客戶，如同蜜蜂採蜜。相對的作戰策略是蜘蛛築巢作戰法，像餐飲店、飯店，須準備好等客人上門）。

第二項人事費用會根據店長的斟酌而有所增減。能力較差的店長傾向增加時薪人員，有些店長則會在不補足人力的情況下繼續經營。這些都要要求他們報告，再一一確認。第三點則是報告關於季節限定菜單的銷售狀況。其成果可展現出店長的幹勁與熱忱。

創造這樣的機制，是為了使大家產生要從數字檢視起的共識，讓經營者與員工可以一起確認。

讓員工擬定執行計畫，最快學會數字概念

武藏野**所有的執行計畫都交由員工擬定**。

在大型企業，會有專門製作企畫的經營企畫部門。相反的，在經營者也身處第一線奮鬥的中小企業中，有些老闆會自己做執行企畫。但我們公司沒有經營企畫部門，我自己也不做企畫，而是由員工擬定、發表，最後再由我審核。

為什麼要讓員工擬定執行企畫？這是因為**如果不讓員工自己擬定計畫，很多數字他們可能會不當一回事**。

以前，我女兒還是高中生時，口袋沒什麼錢，曾跟借我一萬塊錢。我讓我女兒寫**借據**。就連口頭承諾都不能隨便毀約，更何況寫下借據規定「什麼時候以前還清」，再加上我讓她自己寫下借據，這個承諾所帶來的壓力就更大了。最後，我女兒忍受不了這個壓力，再也沒向我借過錢了。

經營者與員工之間的約定也是一樣，如果是經營者或經營企畫部門擬定好執行計畫，由上而下的交給員工：

「請照計畫執行。」

「好的，沒問題。」

光是這種口頭上的承諾，員工根本不會認真努力執行。對計畫的承諾，就要從自己計算數字，寫進執行計畫中開始做起。

因為是自己擬定的計畫，所以若無法達成，一般的推託之詞就不管用了。無法達成的理由可以列舉出很多，但「數字即人格」，沒有拿出成果，任何理由都不會被接受。就算成功只是因為運氣好也無妨，只要成功就可以得到良好的評價。

一九九三年，我曾在公司的計畫中承諾，如果全公司營業額達到三十億元，我就帶全體員工去上海旅遊，吃美味的中華料理。但如果沒有達成，就在國內露營，而且自己做飯。結果**離三十億元的目標還差一百萬元**，沒達成目標。

有些員工以為，才差一百萬元，不管怎麼說社長一定還是會帶員工去中國玩。但是，經營者既然要求員工要遵守承諾，自己也要遵守承諾才行。所以我們就照一開始宣告的那樣，員工旅遊去伊豆的大島住小木屋。晚餐就是吃自己釣的竹筴魚。員工們本來以為這是一趟快樂的「戶外之旅」，真是想太多了。

隔年我們公司的營業額漂亮的超過三十億元，我依約帶員工去中國旅行。而且是全體員工，包括對營業額完全沒貢獻、剛進公司的社會新鮮人。當時還只是大學畢業生的三根正裕部長，大概是一時興起，邀我在萬里長城上賽跑，留下一段美好回憶。

雖然才差一百萬元，但沒達成計畫是不爭的事實。正因為我的態度嚴峻，員工也會認真看待，拿出幹勁努力達成目標。因此，我喜歡讓員工自己擬定執行計畫。

與數字格鬥做出來的計畫最正確

讓員工自己擬定執行計畫，還有另一個目的：**擬定執行計畫本身就是一種很好的訓練**。

如果不理解與自己業務部門相關數字，就寫不出執行計畫。也不知道要怎麼做才能增加營業額、要花多少開銷才能達到這個目標。如果不了解這些基本數字，就容易做出不切實際、沒有整合性的紙上談兵的計畫。這種計畫案當然不會獲得認可，只能重做。

讓經營企畫部門的人做企畫也會產生類似的問題。即使他們做出來的數字整合性較佳，但因為不了解第一線工作的狀況，很可能訂出無法實現、或輕鬆就能達成的目標。所以**由了解工作現場的員工一邊與數字格鬥、一邊做出來的計畫是最正確的**。

員工要擬定計畫，並在每個月召開的高階主管會議中，報告計畫的執行狀況，這對員工來說是很好的教育訓練。

在會議中，報告成績的是課長職。這代表他本人要先調查數字。一般的公司大都是由會計人員遞上一張紙當作報告，但我刻意讓負責計畫的人親自報告。

在高階主管會議中，每個報告者的報告時間限制在二十秒以內。但報告者想要做好**二十秒以內的報告**，必須花很多時間準備、調查數字、確認正確與否。從召開高階主管會議的前五天開始，各部門就會歷經一場兵荒馬亂般的騷動。雖然對在第一線工作的人來說很辛苦，但他們花時間準備的工夫不會白費，不但可以學會數字，還會萌生當事者意識。

如果調查不出來，就要提出檢討文。集滿四張檢討文，下次就要提出悔過書。集滿兩張悔過書，下次得提出檢討報告；**集滿兩張檢討報告的話，則獎金折半**。

如果重來一次又是一樣的結果，那獎金就歸零。我們公司**過去曾經有三人獎金歸零**。因為沒拿到獎金，結果他們的妻子不讓他們進家門，所以不管有多麻煩，他們還是會拚命努力的做出來。

在樂清的進展報告會議中，如果報告者無法出席會議，可由課長代理報告。以前允許其他的部長代讀，現在已經不這麼做了。

站在上司的立場，讓下屬做關鍵代打，是為了讓下屬透過看這些數字，而持續成長。一般員工與課長、課長與部長平時看的數字不一樣。**替上司做關鍵代打的話，底下的人就能早一點接觸到高階人員的數字**。這也算是員工教育之一。

用數字鍛鍊員工，讓課長分析數字

在武藏野，我們還有一個場合可以用數字來鍛鍊員工。那就是 DataNature 大會。DataNature 是分析數據的軟體。每年我們會請員工使用 DataNature 分析最新的數據，從分析結果中想出可以提升業績或業務改善的點子，並在大會上發表。

參加的員工是以各部門的**課長**為中心所組成的團隊。有些事業部會把資料分析的工作交給經營企畫部門做，但是由不知道工作現場實務的人來做這個計畫，很容易變成空談。

雖說如此，也不能全都交由一般員工來做。即使員工真的有辦法分析資料，從中想出提升業績的點子，但他們會為了勝過同事，獨占這個發現，所以捨不得把這個得來不易的發現做橫向拓展。

所以我們決定把分析工作交給課長。**課長深知如果不把創意做橫向發展，自己的部門就不會變好。再加上課長的工作現場經驗豐富，是最適合分析資料的人。**

光靠每年一次的 DataNature 大會，不能維持分析的技術，所以在每個月召開的高階主管會議中，我們會讓各部門輪流發表。內容雖然很像是唱高調的吹牛皮大賽，但使用的資料都是**貨真價實的原始資料**，這裡面暗藏許多點子等著被開發。

具體來說要怎麼分析呢？

我們的樂清事業底下，有一個專門做個人居家清潔服務的 merry maids 事業，該部門的團隊有一次要分析獲得新客戶的最佳途徑。分析前，大部分的人都覺得應該透過網路來開發客戶。但是分析實際數字後，發現我們的客人，很多都是透過樂清清潔服務事業部門的推銷員介紹來的。

想要增加新客戶，最好的方式就是從原本來源最多的路徑再加以延伸。於是我指示員工要寫致謝的明信片，給替 merry maids 介紹客戶的推銷員。畢竟花六十二元就可以辦到，比在網路上刊登廣告便宜多了。

在經營支援事業部門，我們曾調查業績長紅的公司通常會選擇哪些課程。結果發現，那些學習完製作經營計畫書與經營計畫發表會後，還會上「環境整備課程」（建立數字管理的工作環境）的公司，業績表現最佳。

那麼，什麼樣的公司會選擇上「環境整備課程」呢？

經過我們深入研究發現，選擇「實踐幹部塾」課程的公司，後來幾乎都會再選擇「環境整備課程」。換句話說，他們的做法是，先讓幹部去實踐幹部塾學習，接著透過環境整備課程，把環境整備的觀念滲透到公司中，提升業績。

知道這個流程後，我們開始改變一些規則，讓支援會的會員在選擇環境整備課程之前，必須上過實踐幹部塾。因為環境整備課程是人氣非常高的課程之一，每次報名都是爆滿，所以我們把報名條件變更為「一〇%的員工如果沒有上過『實踐幹部塾』，就不能申請環境整備課程」。

這項改善策略最早的發想，其實就是出自於我們的課長在 DataNature 大會中所提出的點子。我們發現員工在工作現場中培養出的數字力、分析力，可以幫助公司以及客戶公司提升業績。

於是我們會把員工在 DataNature 大會中發表的分析成果，落實在具體策略上。

分析的目的是為了提升業績、改善業務。如果分析純粹只是為了好玩，得到「原來是這樣，好有趣」、「真讓人想不到」的感受，那還不如不做。重點在於**由數字的解讀帶來具體行動的改變**。

公布沒有按下確認鍵的糟糕員工

具體的改變行動之後，**驗證結果**也很重要。

我們的會計平川智久在 DataNature 大會中，發表他分析會計部門加班時數的成果。他發現，會計部門在每個星期一的加班時數永遠都是最多的。探究原因，和會計的文書處理有關。

很多業務員都習慣在星期五或六時，統計出差費用的報帳，使得會計人員必須集中在星期一處理請款事宜，造成加班時數增加。

一直以來，武藏野使用的申請系統，都是委託 Media Lab 公司（東京都、軟體業）的長島睦社長開發的「快速批准」系統。

「快速批准」這套程式非常好用，即使老闆或主管人不在公司，還是可以透過 iPhone 或 iPad 專用的應用程式，簡單的批准出差報帳或申請有薪假。

導入這個系統後，五〇%上呈的請示都可以在一天內決定，二五%的請款手續都可以在當天辦完，隔天錢就會匯到員工的銀行戶頭裡面。在以前，這些批准都要等到老闆或主管回到公司才能完成，引進這個軟體之後，批准的速度大幅提升。除了武藏野之外，越來越多企業也開始使用這個軟體，我們的會員中就有一百八十間企業使用，ＩＤ數量達到八千個。

只是一開始的時候，僅有主管們可以透過「快速批准」系統批准，卻不能讓員工在出差地申請。這就是造成會計部門時常在星期一加班的原因。於是，平川改良申請系統，讓員工可以輕鬆在出差地做簡單的申請。

我讓平川在緊接而來的 DataNature 大會中發表這項成果。系統改成員工可以在出差地申請之後，理所當然的，申請件數被平均分散到其他平日，**會計人員在星期一加班的時間也減少了**，真是可喜可賀。

這個故事後來還有一段小插曲。系統改善後，雖然員工的加班時數一開始確實減少了，但沒多久後，星期一加班的時間又慢慢增加了。

於是，平川仔細追蹤並分析申請與批准之後的狀況，希望找出原因。結果發現，申請的時間雖然被平均分散到其他平日，但批准後，**許多申請者卻都懶得按下確認鍵**。有一些懶惰的部屬連按下確認鍵都覺得麻煩，所以常常累積一個禮拜再一次按完。我們公司員工的偷懶功夫，可說天下一絕。

於是，平川在第三次 DataNature 大會中發表這項發現，而且**還把沒有按下確認鍵的糟糕員工做成排行榜，一同在會上公布**。被公布名字的員工這下子就臉上無光了。

這些臉上無光的員工，後來真的都會按下確認鍵了嗎？

關於這個問題，還有待後續驗證。因此，我很期待平川在下次的大會中，會提出什麼樣的報告。

一開始，分析數字成了吹牛大會也無妨

以上就是資料分析的成功案例，但這不代表員工一開始就可以做出這麼出色的報告。尤其是一些新進課長，**本身沒有過處理原始資料的經驗，分析後發表的東西通常都是亂七八糟的內容**。

不過我覺得**就算變成吹牛皮大會也無妨**。亂七八糟也好，吹牛皮也好，一開始總要有個起頭。若從來不接觸這些資料，根本不可能提升自己的分析技術。總之先讓他們發

表，不行的話就從頭來過。記得一開始不要把門檻訂得太高，不然員工反而會退縮。

順帶一提，DataNature 大會的優勝者可以獲得三萬元獎金。大部分的人領到這個獎金，都會拿來與自己部門的人吃吃喝喝花掉。

優勝者是由員工投票決定。一個人有兩票，兩票投同一人視為廢票。為什麼要這麼規定？因為如果規定一人一票，或兩票可投同一人，大家會為了可以去吃吃喝喝，故意把票都投給自己部門的人。如果規定兩票不能投給同一個人的話，大多數人會一票投自己人，一票投他真心覺得報告得很好的人。

我聽完每個人的發表後，會要求發表者再更深入研究或重做，但對於優勝的選定完全沒有特權，和大家一樣只有兩票。

不由老闆選出最優秀的報告，是因為如果由老闆或幹部透過經營者的眼光判斷，標準會訂太高。

透過資料分析擬定的改善策略，如果不在工作現場實際運用的話，那就一點意義也沒有。一個**策略在工作現場的可行性如何，員工會比我更清楚**。所以，應該由員工投票決定才正確。

員工考評和主管考評標準差在哪？

數字即人格——這句話帶有的重大意義不只適用於經營者而已。對經營者來說，結算數字就代表一切，對員工來說也一樣，他們是數字評價的對象。

員工的獎金考績會從幾個方面做綜合考量，像是流程評價、業績評價、環境整備的分數、與下屬的面談、減少加班的做法等。流程評價屬於定性評價，而業績評價是定量評價，也就是由數字作評價。

流程評價與業績評價的比例會因為職責而異。**以一般員工來說，流程評價與業績評價的比例大概是八比二。課長的話大概是五比五**，總經理大概是**一比九**。越高位的職責，不管定性的東西做得多麼好，只要拿不出數字，評價一樣很難看。

對部門主管級以上的人來說，「數字即人格」是千真萬確的事實。對課長以下的人來說，只要把被交代的事情做好，拿出成果即可。但部門主管以上的人就不同了。創造更多新的利潤來源，是他們被擺在這個位置的條件，今年做的事和去年一樣的話，即使數字上升，他們也不會受到很高的評價。

除此之外，**部門主管以下要使用相對評價，而總經理以上要使用絕對評價**。

假設團隊有五個人，即使大家表現出來的數字都很優秀，也不把全部的人評價為A，而是分成S、A、B、C、D五級，這就是相對評價。相對評價的好處就是在讓同事彼此萌生競爭意識，使得公司內部變得更有活力。

即使自己的營業額是一百，隔壁同事卻達到一百一十的話，自己的評價就會變低。當員工產生「好、我要超越那傢伙」的想法，就會產生競爭，與別人互相切磋琢磨。

但如果是絕對評價，主管在流程評價上，評分就會變得很隨便，只做表面功夫：「不想被人說我有大小眼，乾脆大家都B好了。」本來員工的表現真的有高低，卻對每個人做出一樣的評價，這是齊頭式平等，一點也不公平。要做出公正的評價，必須使用相對評價。

但是，總經理級以上就要使用「絕對評價」。因為，當公司每個部門業績都出現惡化，用相對評價時還是會出現S級或A級的總經理，這就不合理了。這種低度競爭會使得公司逐漸衰敗。所以，總經理級以上的評價就和其他部門無關，只有提高業績才能獲得較高的評價。我們的經營計畫書上就明載，總經理必須每半期提出能夠彰顯自己價值的數值，由董事會評價。

依進步幅度打考績，而非比誰數字大

所謂的絕對評價，並非單純看營業額或毛利，而是評價與**去年同期相比的數字**。

假設A部門前期的營業利益是一百，本期達到一百一十，另外B部門前一期是負三十，本期達到五的話，應給予哪個部門較高的評價？

許多經營者大都會給A部門較高的評價，因為他替公司賺取較多利益。

但這是錯誤的觀念。對公司貢獻較大的，是與前一年相比增加了三十五的B部門。

雖然他們產生的利益很少，但卻打消了三十的赤字，這才了不起。

比方說，最近由總經理由井英明領導的武藏野的居家照護事業，虧損大幅減少，而且再差一點就有盈餘，因此我們給他S的評價。居家照護是屬於到府提供照護服務的事業，原來樂清總部的方針是，深夜的服務也包含在套裝服務裡面，但深夜員工的服務費要比白天高一．五倍，根本就沒有產生利潤的空間。由井先從這點改善起，減少虧損。由於他的改善幅度很大，所以得到S的評價。

這樣的評價全部都是公開透明。而且什麼樣的評價可以獲得多少獎金，所有的計算方式也都是透明的。員工可以計算自己的獎金。透過計算，可以實際感受到差異，比如光是差一個等級，獎金就能提高多少等等。

最近，我們的員工不僅可以計算自己的獎金，還可以計算上司的獎金。上司拿到A評價的獎金，是自己拿A評價獎金的一倍。知道這個事實後，員工會大感吃驚。這時候，就算你不提醒他，他也會主動認真起來。

有些經營者很常感慨萬千的說，不管他怎麼鼓勵員工，員工就是不努力。其實，在鼓勵員工之前還有些事情要做。那就是先打造出一套有明確評價基準的薪資體系，讓員工真實感受到，那些評價基準與他的薪資直接相關。比起一些聽到令人麻痺的激勵話語，這麼做的效果絕對好得多。

令人驚訝的新進員工留職率，是怎麼做到的？

武藏野有兩百二十名員工（從業員〔按：即服務業人員、工廠人員、派遣員工……等〕八百零八名），**最近九年，職位階級較高的一百名員工，沒有一個人離職**，就連年輕員工的離職率也大幅減少。

下頁圖表12是**大學剛畢業的員工的留職率，以及以大學為類別的留職率**。

圖表12　社會新鮮人員工的留職率與大學校別的留職率

第一年到第三年的留職率

	大學畢業新進員工人數	第一年離職人數	第二年離職人數	第三年離職人數	留職率	說明會參加人數
2018 年度	25 名				100%	1020 名
2017 年度	20 名	0 名			100%	433 名
2016 年度	25 名	1 名	2 名		88%	614 名
2015 年度	15 名	1 名	1 名	0 名	87%	376 名

2.36倍!

全業別平均 **68%**
旅館、餐飲服務業約 **50%**

	大學名	錄取人數	大學畢業生	大學畢業生離職人數	留職率（大學畢業生）
1	明星大學	18	12	0	100%
2	日本大學	12	9	4	56%
3	東京經濟大學	11	11	2	82%
4	亞細亞大學	11	9	3	67%
5	東洋大學	10	10	1	90%
6	東海大學	8	6	0	100%
7	立正大學	7	7	0	100%
8	專修大學	7	6	0	100%
9	拓殖大學	6	5	1	80%
10	關東學院大學	6	5	1	80%

一般來說，全業別錄取大學畢業的社會新鮮人，三年內的平均留職率是六八％，據說旅館業、餐飲服務業只有五〇％，比較起來，武藏野的新人留職率表現非常亮眼。

二〇一五年度，十五名大學畢業生中只有兩名辭職，留職率為八七％。

二〇一七年度，有二十名大學畢業生，**現在一個人也沒辭職**。

還有說明會的參加人數也是很厲害，二〇一七年度來參加的大學畢業生，總共有四百三十三名，二〇一八年突然暴增到一千零二十名，比去年成長了**二．三六倍**，背後最大功臣就是前述的JR新宿未來塔帶來的集客效果。從大學校別分類的留職率一覽表來看，與幾年前相比也是呈現劇烈成長。

用「有色眼光」分辨員工屬性，適才適所

武藏野的留職率這麼高，是**因我們把每位員工的特性數值化，並活用在配置上**。

關於**特性的數值化**，可以使用一八五頁中介紹的EG（emergenetics）。簡單的複習一下，用四種顏色把特性數值化，藍色優勢的人屬於邏輯性，綠色優勢的人屬於定型業務傾向，黃色或紅色優勢的人屬於感性型。

藍色優勢的人邏輯性比較強，所以適合從事程式設計師，也可以擔任採購，因為他不容易受到情感影響，如果客戶要殺價，藍色優勢的人就會變得冷酷無情，堅決的與對方交涉。相反的，社交型的紅色優勢者與業者的距離太過靠近，很容易因「交情好而吃虧」，所以不是合擔任採購的人選。

綠色優勢的人是定型業務導向，所以最適合有標準流程的文書工作。根據業別的不同會出現些許差異，但大部分公司的工作內容，有一半以上都屬於這種定型業務。武藏野也不例外，所以我們最近這兩年在錄用人才的政策上，把錄取的人數調整成六到七成為擁有綠色優勢的人。

相反的，黃色或紅色優勢的人完全不適合文書工作，很快就會做膩，他們比較適合臨機應變的企畫或業務。

我從很早開始就意識到所謂的適才適所，所以會先分辨員工的屬性，再決定配置。由於我的直覺很強，所以對於自己的判斷很有把握。但是人的直覺還是有極限。自從懂得把特性用數值呈現，從客觀的角度掌握員工特性後再做配屬後，不只分辨錯誤的情況大幅減少，連離職者的人數也逐漸減少。

還有，上司與下屬互相掌握各自的特性也很重要。

以前如果上司的特性是黃色或紅色優勢，下屬的特性是綠色優勢的話，下屬容易累積不滿的情緒，舉例來說：「我那麼認真去做被交代的事，結果上司老是三心二意的改變想法。」

但是公開EG結果，大家都知道對方的特性後，就會想：「唉，沒辦法，誰叫上司就是這種類型的人嘛」，這樣他就死心了。

關於上司和下屬的組合，我從以前就是使用「Energizer」這套軟體來解決這個問題。這是測量人的適性與能力的工具軟體，簡單來說，它可以把資訊處理能力、性格、動機這三項特性和能力數值化。

替上司與下屬做配對時，有一個原則要掌握住，那就是**資訊處理能力相同等級的員工才能編在同一組**。具體來說，能力值相差二十分以內的人，可以編在同一組。

如果上司比下屬聰明太多，很容易看不起下屬，認為「怎麼這麼簡單的事情都不懂」，最後連管都不想管。相反的，下屬的能力若比上司高太多，會在內心暗自嘲笑上司，認為「原來我的上司是個笨蛋」，而不聽上司指示。

能力高的上司配能力高的下屬，能力普通的上司配能力普通的下屬。這麼一來，他們就會互相產生敬意與親近感，交流也會變得活潑起來，上司和下屬的能力都會提升。這個推論也呈現在ＥＧ顯示的數值上。

這樣的配屬方針，必須把員工的特性或能力客觀的數值化才能實現。從這個層面來看，與其說「數字即人格」，不如說我們「把數字變人格」了，想要讓公司或員工持續成長的話，這個分析非常重要。

公司應該要盡量遷就年輕人

我們的離職者減少還有一個理由。因為減少加班的措施成功，大家都可以提早下班回家。

數十年前的武藏野根本沒有考慮到長時間勞動是否妥當。巔峰時期的加班時數達到每人每月平均七十六個小時。七十六的小時是平均時間，有些想要做出更好成績的員工還會工作到更晚。當時，大家都覺得稀鬆平常。我自己也不覺得有什麼奇怪，還拚命的鼓勵員工加班。

但是，時代變化非常大。年輕世代的抗壓性變低，忍受不了長時間加班。雖然我這麼說會被誤以為是我在批判年輕世代，不，正好相反。既然現實上，抗壓性低的員工越來越多，公司更應該要遷就現實狀況才是正確的做法。不可以老是懷念「以前的時代多好」。如果不配合現實狀況改變，你的公司就會遭到大家的批判。

領悟到以前的做法行不通之後，我在公司政策中明載「以減少每月加班時數為四十五個小時為目標」。若是以前，我一定會寫「加班時數減少為四十五個小時」，但現在卻寫「以……目標」的原因就是，我覺得這個目標應該沒那麼容易達成。

沒想到，透過各種努力之後，二〇一六年七月，我們的月平均加班時數減少到**二十四小時**。

二〇一七年十月，我們的月平均加班時數減少到十三小時，還有**兩個部門的加班時數是零**。就連以前加班時數最多的部門，也都在晚上七點前，達成所有人都離開公司的目標。

我們不但完成當初的目標，還大幅超越，加班時數只剩下**不到原來的三分之一**。看來我的擔心是多餘的。

關於具體的做法，可以參考我的另一本書《零加班，把工作都做完——讓懶惰員工勤奮工作的九個訣竅》（鑽石社），在此我介紹其中最有效的一種方法：**要減少加班，就把加班時數視覺化**。

樂清事業一年會有幾次在公司內部舉辦業務比賽。推銷員會在一定的時間內彼此競爭業績。業績的成果每天都會更新並公開。推銷員看了自己與其他人最新的數字後，會產生「我要更努力一些」、「先鎖定大客戶，才能逆轉劣勢」等想法。減少加班時數也是一樣。光是在腦中想要減少，加班時數也不會自動減少。如果把加班時數視覺化的話，就能具體驗證「我這個做法應該改變」、「新的做法沒有效果」。

武藏野活用業務支援工具，把加班時數變成**積分制**，讓各分店彼此競爭。**晚上七點以前，全部員工都下班的分店可以增加五點積分**。之後，每超過三十分鐘，點數就少一點。超過晚上九點，如果還有人沒下班那就零點，當天沒有得到任何分數。

積分制可以讓大家萌生與其他分店競爭的意識，把自己的努力變成具體數字，讓人產生成就感。導入積分制後，公司整體的加班時數就慢慢減少了。

現在，我們加班時數的目標是，進公司五年內的員工，控制在每個月四十個小時內，超過五年的員工控制在十幾個小時以內。

替年輕員工訂寬鬆一點的目標，是為了讓他們有累積經驗的機會。天下沒有不用練習就能踢好球的足球選手，同樣的，商業人士如果不在年輕時累積一定的經驗，就無法獨當一面。當然，不想加班的員工也可以提早回去。但人需要更多經驗才能成長，現在的年輕人至少要累積過去的人一半的經驗，否則無法登上同一個舞臺競爭。要選哪條路走，完全交由個人決定。

年輕時期累積經驗，增加力量之後，再來就不是比量，而是質。武藏野的**加班時數與一開始的加班時數相比，減少到剩三分之一，但營業額卻逆勢成長了一二八．五％**。員工的個人目標也應如此，朝著用更少的時間做出更多成果的目標邁進。

「資訊共享」程度，影響留職率

測量友善職場的指標，不只是加班時數。

武藏野從以前就非常重視**職場中人與人之間的交流**。所謂的交流是指**「資訊」與「情感」的往來**。如果一個職場中，大家可以共同擁有各種資訊，並在精神上互相扶持，就是一個能讓人心情愉快的工作環境。所以，越是能讓人輕鬆交流的職場，裡面的員工就越不容易辭職。

但是，許多公司沒有把內部交流狀態客觀的視覺化。只能環視職場，用模模糊糊的印象描述，「我們公司的人大家感情都很好」、「大家都很冷淡」等。

如果可以把狀態用客觀的數值表現出來，我們就能對於不足的部分提出具體對策，也能計算改善後的效果。但是，很多經營者通常是靠印象描述職場環境，因此容易產生誤判，對於原本就不好的部分置之不理，導致它持續惡化。

經營加油站的 Yamahiro 公司（東京都、銷售石油產品）的山口寬士社長就是其中一個例子，他過去總是透過模糊的印象來判斷。

「我們公司的員工大家感情都很好，所以我從來不認為我們在交流上有什麼問題。有一次，我們公司訂立拿下日本經營品質獎的目標，為此做了公司內部的問卷調查，結果出來嚇了我一大跳。我原本以為我們公司在資訊共享這方面做得很好，但實際調查出來的結果，分數卻非常低，與我的印象相差甚遠。」

Yamahiro 使用的調查方法是武藏野提供的「交流問卷調查」。根據這份問卷結果顯示，Yamahiro 在「報告、聯絡、商量」、「意見統一」、「情報傳達速度」等項目都得到不錯的結果，唯有在「資訊共享」這項低於標準（見左頁圖表13）。

其實山口社長原本對他們公司內部的資訊共享很有信心。十多年前他們所有分店就已經導入電腦與群組軟體。最近甚至還配備 iPad 等，積極的把公司ＩＴ化，這在加油站業界中是很少見的做法。員工在這樣的環境下，可以隨時隨地搜尋到自己想獲取的

圖表13　Yamahiro 的交流狀態

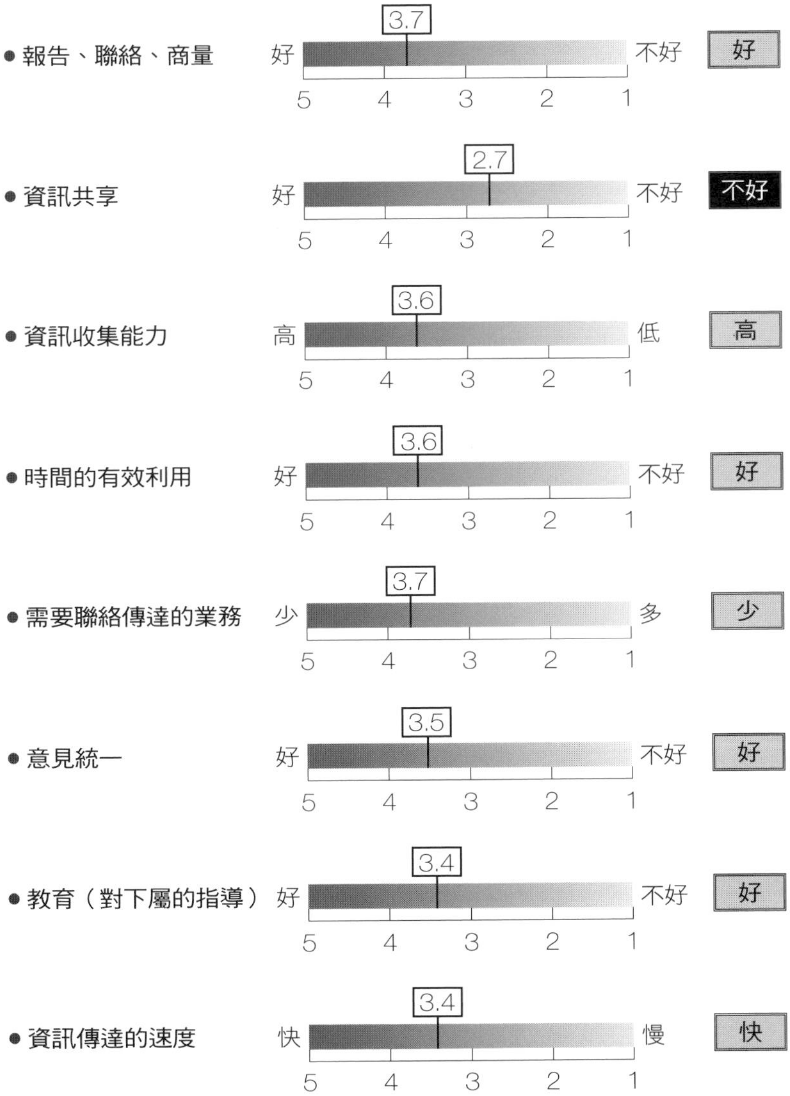

資訊。

但是，**數字不會說謊。員工們都感覺公司沒有做到資訊共享**，這是不爭的事實。經過細究，終於發現以下的癥結。

山口社長說：「我們每間分店都配備一組電腦或 iPad 以及群組軟體ＩＤ。工作中若要使用電腦或 iPad 需要獲得店長的許可，年輕員工或工讀生有時會覺得麻煩，所以懶得登入群組。

「從經營者的觀點看，我總認為『只要引進工具，大家就會樂意使用』，結果事與願違，問題出在我不了解使用者的心理，這是我要反省的地方。」

山口社長接受問卷調查結果，換了另一套群組軟體，讓每位員工以及主要的工讀生都擁有一個ＩＤ。他掌握問題所在，提出具體對策後，終於成功改善公司的交流狀況。結果，Yamahiro 公司確實成功的獲得二〇一七年度「日本經營品質獎」的「經營革新獎勵獎」。

「交情」也能數字化

那麼，把狀態視覺化之後，如果發現交流的狀況不佳時，應採取什麼對策呢？

前面說過，交流就是「資訊」與「情感」的往來。

這兩者的交流都需要「交情」。**交情與次數成正比**。即使你不怎麼喜歡對方，只要見面的次數夠多，雙方就能夠建立交情。交流也是一樣。只要增加次數，就能改善狀況。

近畿橡膠公司（京都府，販售橡膠、塑膠）的長谷川哲也社長，也是透過交流問卷調查，發現自己公司最大的問題，在於幹部員工與兼職員工之間的交流不足。他的對策就是每個月舉辦**老闆與兼職人員的午餐會**。舉辦幾次之後再做問卷，發現數值有改善了。午餐會大約五十分鐘。一次有五位兼職員工參加，平均每個人可以整整相處十分鐘。雖然時間不長，但只要見個面說說話，就很有意義了。

武藏野也非常**重視員工的交流次數**。主管有義務每個月最少要和下屬喝一次酒。次數不夠的話，不僅考績會扣分，獎金也會減少。因為有這樣的規定，所以武藏野的資訊流通很順暢，員工之間的感情也很好（這不只是我的印象，還有問卷結果佐證）。

不讓員工超出負荷的機制

全世界許多想要追求優質娛樂的人，都會蜂湧至拉斯維加斯。為了容納如此大量的觀光客，大型飯店如雨後春筍般拔地而起。

但是飯店再怎麼大，還是有其極限。一間飯店的客房數最多只能蓋到三千間。超過這個房間數，就算土地夠大，還是要分成兩間飯店蓋。

為什麼不乾脆合成一間變成超大型飯店呢？

因為房間數增加太多的話，會超越人腦管理的極限。當然，到了三千間客房數這個層級，不可能靠一個人的頭腦管理，需要ＩＴ或其他人協助。但若客房數超過三千間，即使有人協助，還是管理不來，所以需要分割管理。

不管是經營者或員工，一個人的管理能力有他的極限。

以我自己來說，我記不得只見過一次面的人。據說，人要把人臉與名字合起來，最多只能記憶一千組。年輕的時候大腦機能比較活躍，但也頂多可以記到一千五百組。以我為例，公司的員工超過兩百人，經營支援會員的老闆們大約有七百人，再加上以前的老朋友，大約一千出頭，我的容量已經達到極限。所以除非你付很多錢給我，否則我不會記得你。

經營者應該判斷員工的容納量，改變管理的機制，不要讓他超出負荷。

如果課長的工作量太多無法負荷，就應該多增加一位課長，這是作為經營者或幹部的責任。只有把工作控制到適當的份量，員工才能充分發揮他的能力。

那麼，怎麼判斷出最適合的工作份量呢？

我觀察的角度是**電話留言件數**。假如一個月的電話留言數超過一千五百通，就表示那個團隊的規模太大，應二話不說直接分割。其他還有很多方法，像是以下屬人數、營業額等作為指標，判斷員工的容納量。

無論如何，最重要的是**把工作量數值化，然後加以監控**。等到員工負荷不了，得憂鬱症了才來處理，為時已晚。

設定基準，超過這個基準就應該趕緊提出對策。試著腳踏實地的一個一個處理，一定會產生成果。

員工和你的健康要「數值化」，守護公司

最後，為了守護你的公司，**經營者的健康**一定要**用數字管理**。經營者要是生病倒下那就糟糕了。

如果是肺癌第三期，抗癌藥物治療一次療程就要耗費三個星期，持續四次，換句話說，患者大約有三個月的時間不能工作。中小企業最大的戰力就是經營者。如果經營者消失三個月，任何一家公司都會東倒西歪。

為了避免這種狀況，把**癌症基因的數量視覺化**很重要。

我接受基因檢測後，發現我有五個癌症基因。據說，有兩到三個的話屬於癌前狀態，四個算是灰色地帶，五個以上就是危險區域，有五個的話，隨時被檢查出癌症也不奇怪。於是，我接受了三次基因治療，到了二〇一七年八月，我的癌症基因終於減少到零個。

替我做基因治療的，是我們的經營支援會員平畑徹幸，他是醫療法人社團創友會ＵＤＸ平畑診所（東京都）的理事長。

基因治療非常花錢。我持續接受治療，直到檢測數值為零為止，全部療程一共花了

兩千萬元左右。雖然很貴，但一想到如果我不在，公司可能會步入衰敗，就覺得買這個療程一點也不貴。雖然治療費是我自己掏腰包，但如果重來一次，我還真想讓公司負擔這筆費用。

員工最好也要接受檢查，雖然希望身體狀況有問題的去接受治療，但考慮到費用龐大，現實上很難做到。

取而代之的是，你應該在經營計畫書裡，明確寫上**「為了讓生意經營長長久久，必須積極關心員工的健康」**，對員工進行健康指導。特別是**飲食習慣**，一定要苦口婆心的指導。

關通公司（大阪府、物流服務）的達城久裕社長，以及TEIL公司的金原章悅社長，因為兩人年輕時都很不注重健康，所以很擔心自己現在的身體狀況。我建議他們接受基因檢查。

本以為兩人的檢查結果都很糟糕，但達城社長只有三個（治療之後變成零個），金原社長則一個也沒有。我覺得很不可思議，於是詢問金原社長平時的飲食習慣，才知道他**每天都會吃起司**、**泡菜**、**納豆等發酵食品**（按：發酵食品能幫助降低膽固醇及血壓，但一些發酵品會在製作過程中，添加鹽、糖等，所以吃過量也會造成身體負擔）。從此以後，他也鼓勵員工：「要多吃發酵食品。」

千萬別以為自己很有精神，就覺得自己很健康。經營支援的會員之中有一百二十二人接受基因檢查，結果癌症基因超過五個以上的就有十四人。其中六個人被診斷出患有癌症，經過基因治療後，所有人都恢復到癌前狀態。

因為太過忙碌忽略健康的經營者，是不合格的經營者。

經營者的健康是公司經營最大的風險，經營者懂得如何照顧身體，也等於是守護公司以及打拚的員工。經營公司時，經營者必須謹記身體不是自己一個人的。

國家圖書館出版品預行編目(CIP)資料

主管該有的錢意識：別讓損益表騙了你，公司好不好，我只看現金。一堂課學費36萬日幣，日本經營之神的私房課。／小山昇著；鄭舜瓏譯. -- 初版. -- 臺北市：大是文化，2019.01
224面；17×23公分
譯自：数字は人格
ISBN 978-957-9164-77-1（平裝）

1. 企業經營 2. 管理數學

494.1 107020291

Biz 284

主管該有的錢意識

別讓損益表騙了你，公司好不好，我只看現金。一堂課學費36萬日幣，日本經營之神的私房課。

作　　者／小山昇
譯　　者／鄭舜瓏
責任編輯／陳竑悳
校對編輯／陳薇如
美術編輯／張皓婷
副總編輯／顏惠君
總 編 輯／吳依瑋
發 行 人／徐仲秋
會　　計／林妙燕
版權主任／林螢瑄
版權經理／郝麗珍
資深行銷專員／汪家緯
業務助理／馬絮盈、王德渝
業務經理／林裕安
總 經 理／陳絜吾

出 版 者／大是文化有限公司
臺北市衡陽路7號8樓
編輯部電話：（02）23757911
購書相關資訊請洽：（02）23757911 分機122
24小時讀者服務傳真：（02）23756999
讀者服務E-mail：haom@ms28.hinet.net
郵政劃撥帳號 19983366　戶名／大是文化有限公司

法律顧問／永然聯合法律事務所
香港發行／里人文化事業有限公司　Anyone Cultural Enterprise Ltd
地址：香港新界荃灣橫龍街78號正好工業大廈22樓A室
22/F Block A, Jing Ho Industrial Building, 78 Wang Lung Street, Tsuen Wan, N.T., H.K.
電話：（852）24192288　傳真：（852）24191887
E-mail：anyone@biznetvigator.com

封面設計／林雯瑛
內頁排版／顏麟驊
印　　刷／緯峰印刷股份有限公司

出版日期／2019年1月初版
定　　價／新臺幣340元
ISBN　978-957-9164-77-1

SUJI WA JINKAKU
by Noboru Koyama